教育部人文社会科学研究项目：
多领域科学数据元数据互操作方法研究（21YJC870005）

高等院校学术研究专著系列

地球科学领域
元数据互操作研究

贾　欢　著

郑州大学出版社

图书在版编目(CIP)数据

地球科学领域元数据互操作研究 / 贾欢著. — 郑州:郑州大学出版社,2022.5(2024.6 重印)

ISBN 978-7-5645-8532-7

Ⅰ. ①地…　Ⅱ. ①贾…　Ⅲ. ①地球科学-元数据-研究　Ⅳ. ①P

中国版本图书馆 CIP 数据核字(2022)第 018510 号

地球科学领域元数据互操作研究

DIQIU KEXUE LINGYU YUANSHUJU HUCAOZUO YANJIU

策划编辑	李海涛	封面设计	苏永生
责任编辑	刘永静	版式设计	凌　青
责任校对	杨飞飞	责任监制	李瑞卿

出版发行	郑州大学出版社	地　　址	郑州市大学路 40 号(450052)
出 版 人	孙保营	网　　址	http://www.zzup.cn
经　　销	全国新华书店	发行电话	0371-66966070
印　　刷	廊坊市印艺阁数字科技有限公司		
开　　本	787 mm×1 092 mm　1 / 16		
印　　张	11.25	字　　数	283 千字
版　　次	2022 年 5 月第 1 版	印　　次	2024 年 6 月第 2 次印刷

书　　号	ISBN 978-7-5645-8532-7	定　　价	68.00 元

前　言

科学数据是重要的信息资源，是支撑科学研究的关键性资料，同学术论文一样，其具有重要的科研价值，科学数据可以对以论文形式发表的成果进行补充说明，能够帮助用户更加清楚科研的整个过程，可用于研究再现及证伪，可以以搜集到的科学数据为研究起点，继续深入研究。科学数据的共享可以减少重复研究，节省数据搜集及保存、维护成本，避免资源建设的浪费，也使得政府财政投入科研活动的价值得到进一步提升。对科学数据进行组织是科学数据共享、检索和利用的前提。元数据在信息描述、组织、检索、发现方面具有重要的作用，元数据可以用于描述科学数据的内容及形式等特征，是组织科学数据资源的重要工具。由于科学数据资源机构、资源所属学科、资源类型、资源使用目的等方面的不同，用于描述科学数据资源的元数据也多种多样。元数据的多样性妨碍了用户一站式获取科学数据资源，给用户搜索、获取及利用资源带来不便，因此需要通过元数据之间的互操作来解决问题。面对多样的描述科学数据资源的元数据，通过哪些合适的方法实现元数据之间的互操作，是本书研究的主要问题，笔者选取地球科学领域的科学数据元数据标准，研究元数据之间的互操作方法，为国内其他领域科学数据元数据互操作的实现提供借鉴。本书共包括8个部分，具体内容如下：

第0章　绪论。介绍相关研究背景及意义，梳理国内外研究现状并进行评述，明确研究目的、内容及方法，本书的研究难点及创新点。

第1章　相关概念及理论基础。阐述了科学数据、元数据与科学数据元数据、地理信息元数据、元数据互操作以及地球科学这些相关概念；探讨了知识组织理论、用户信息行为理论、系统理论、信息资源增值利用、信息资源共享对科学数据元数据互操作的理论支撑。

第2章　科学数据元数据互操作的必要性及可行性分析。对科学数据元数据互操作的必要性及可行性进行分析，必要性分析包括元数据标准的多样性使得元数据之间互换困难、元数据标准之间存在的差异是元数据互操作存在的主要问题、元数据互操作是数字资源整合的基础；可行性分析包括元数据功能的不断完善是选用元数据实现互操作的原因，以及元数据互操作技术的发展与实践成果提供的支撑。

第3章　元数据互操作方法及其适用性分析。参考已有研究成果，建立元数据互操作方法的框架及层次，将元数据互操作方法的层次划分为语义、语法与结构、协议三个层面，并对每个层面及其适用性进行分析，最后探讨了元数据互操作在科学数据中的应用。

第 4 章　地球科学科学数据元数据互操作方法的选取及实现。对地球科学科学数据相关领域的元数据标准进行选取，并选择合适的互操作方法，实现元数据之间的互操作。本章先探讨科学数据元数据标准的选取，并明确 ISO 19115-1:2014、澳大利亚新西兰土地信息局元数据、地理信息元数据、NREDIS 信息共享元数据内容标准草案四种地球科学领域核心元数据元素及其语义，分析核心元数据元素的特点，以及明确全集元数据 DIF、CSDGM、地理信息元数据的元素及其语义；探讨互操作方法的选取，选择两两映射、中间格式映射、基于 RDF 的方法实现元数据之间的映射，基于概念框架的方法，在语义层面实现元数据之间的互操作，并提出基于本体实现元数据互操作方法的设想。

第 5 章　元数据互操作方法的应用：地球科学科学数据元数据标准的选取与比较。笔者搜集并选取包含国家环境信息中心海洋地质数据、康奈尔大学地理空间信息机构库、全球变化主目录、地热数据存储库、跨学科地球数据联盟、世界大气遥感数据中心、国家地震科学数据共享中心、生物和化学海洋学数据管理办公室、国家环境信息中心海洋和大气管理在内的 9 个地球科学相关领域的科学数据平台使用的元数据标准，并从元数据元素的数量、元数据的层级、元数据的内容以及元数据元素语义详细程度四个方面对其进行比较。

第 6 章　元数据互操作方法的应用：实现地球科学科学数据元数据互操作的本体构建。选取第 5 章中搜集到的 9 种科学数据元数据为研究对象，对其元数据元素建立本体。阐述本体的内涵、本体构建过程以及本体的应用。

第 7 章　结论。通过本书的研究，得出以下结论：科学数据元数据互操作具有必要性及可行性；元数据互操作方法适用于科学数据领域；使用本体能更好地实现科学数据元数据之间的语义互操作；基于本体实现地球科学领域科学数据元数据互操作为其他领域提供借鉴，并说明了本研究中存在的局限，以及对未来的研究进行展望。

本书的主要创新点如下：

(1)将科学数据元数据互操作的方法应用到科学数据领域

关于元数据互操作的研究较早，然而科学数据是近年来才被广泛重视的，表示科学数据的元数据也多种多样，通过实现科学数据元数据的互操作来实现科学数据的共享，是值得研究的课题。本书对元数据互操作的方法进行搜集分析，选择合适的方法，应用到科学数据领域元数据的互操作研究当中，笔者选取地球科学相关领域为例，科学数据元数据互操作方法在此领域的应用可以为其他领域科学数据的元数据互操作提供借鉴。

(2)基于本体实现地球科学相关领域科学数据元数据的互操作

选取地球科学相关领域科学数据的元数据标准为研究对象，笔者选择两两映射、基于中间格式的映射、基于 RDF 的方法以及基于概念框架实现这些元数据之间的互操作，在相互比较这些方法的基础上，笔者提出使用本体来实现科学数据元数据之间的互操作，对各种元数据标准的元数据元素进行分类，建立元数据元素之间多样的关系，通过使用本体软件便于元数据元素关系的建立，并以网状的可视化形式展示出来。

著者

2022.1

目　录

第 0 章 绪 论

0.1 选题背景及研究意义

0.1.1 选题背景

从国际上看,国外早就认识到了科学数据的价值,特别是对其进行共享和再利用的价值。如研究数据联盟(Research Data Alliance,RDA)于 2013 年由欧洲委员会、美国国家科学基金会、国家标准与技术研究所,以及澳大利亚政府创新部门组织启动,目的是建立社会和技术基础设施,以实现数据的开放共享,包括来自 115 个国家(2016 年 12 月)的超过 4670 名成员,RDA 提供了一个中立空间,其成员可以通过重点全球工作和兴趣小组聚集在一起,开发和采用基础设施,促进数据共享和数据驱动研究[①]。国际组织国际科技数据委员会是国际科学理事会的跨学科科学委员会,于 1966 年被国际科学理事会建立,在世界范围内促进和鼓励对科学和技术重要的可靠数值数据的汇编、评价和传播,致力于提高对所有科学和技术领域重要数据的质量、可靠性、管理和可访问性。CODATA 涉及物理科学、生物学、地质学、天文学、工程学、环境科学、生态学等各个科学和技术领域的实验测量,观察和计算产生的所有类型的数据。特别强调不同学科共同的数据管理问题以及在其生成的领域之外数据的使用[②]。在政策制定方面,CODATA 制定了数据引用标准和实践等[③],CODATA 还推出了科学数据相关期刊——《数据科学期刊》(*Data Science Journal*),此刊于 2014 年被推出,《数据科学期刊》致力于推进数据科学及其在政策、实践和管理中作为开放数据的应用,以确保数据以最有效和高效的方式促进知识和学习。它是一个同行评议、开放获取的电子杂志,发表自然、社会科学和人文科学等领域范围中的研究数据和数据库的管理、传播、使用和再利用方面的论文。该期刊的范围包括数据系统、其实施及其出版物、应用、基础设施、软件、法律、可重复性和透明度问题、复杂数据集的可用性,以及特别关注数据的原则、政策和实践。所有数据都在范围内,无论是数字的还是从其他来源转换的。数据是关于常见问题的跨域,是跨学科的主题。数据科学杂志出版了各种文章类型(研究论文、实践论文、评论论文等),还出版了数据论文、描述数据集或数据汇编[④⑤]。自然出版集团于 2014 年 5 月 27 日也正式推出

---

① About RDA[EB/OL].[2017-1-12].https://www.rd-alliance.org/about-rda.

② Our Mission[EB/OL].[2016-12-28].http://www.codata.org/about-codata/our-mission.

③ CODATA[EB/OL].[2016-12-28].http://www.codata.org/.

④ Data Science Journal[EB/OL].[2016-1-3].http://www.codata.org/publications/data-science-journal.

⑤ DATA SCIENCE JOURNAL:About this Journal[EB/OL].[2016-1-3].http://datascience.codata.org/.

了科学数据的相关期刊——《科学数据》(*Scientific Data*),该刊是采用同行评审的在线投稿,开放获取期刊,发表具有科学价值的数据集描述。此刊致力于采用创新性的方式满足研究者和投资人,使得科学数据更易被发现、更好地被阐释和更多地被再利用①。其他国际组织也为科学数据的共享和利用做出了贡献,如联合国教科文组织、国际科学技术信息委员会、国际图联(International Federation of Library Associations and Institutions,IFLA)、世界经济合作与发展组织、世界数据系统(World Data System)等②。

从我国的情况来看,我国政府和科研人员也认识到了科研数据共享的价值,并积极采取措施推动科学数据共享实践。政府支持建立了一系列科学数据共享中心/平台(国家科技基础条件平台、国家人口与健康科学数据共享平台、国家林业科学数据平台、国家地球系统科学数据共享平台、国家地震科学数据共享中心、国家农业科学数据共享中心、中国气象科学数据共享服务网、先进制造与自动化科学数据共享网、交通科学数据共享网、寒旱区科学数据共享平台等)的建设,研究人员也积极介绍国内外的理论与实践进展,如科学数据组织、管理与共享方面的进展③④⑤⑥⑦⑧⑨⑩⑪、科学数据元数据研究方面的进展⑫⑬、科学数据开放存取方面的进展⑭⑮、科学数据价值鉴定方面的进展⑯、科学数据出版方面的进展⑰、科学数据服务方面的进展⑱⑲、科学数据共享政策方面的进展⑳㉑、科学数据引用规范方面的进展㉒㉓㉔、科学数据互操作方面的进展㉕等。国内学者关于科学数据管理与共享方面的研究较多,关于标准规范方面的研究较少,由于缺少系统完善的相关标准的支持,我国的科学数据共享中心/

① 韦博洋.地球科学进展[J].科学数据,2014(6):711.
② 邢文明.国际组织关于科学数据的实践、会议与政策及对我国的启示[J].国家图书馆学刊,2013,22(2):78-84.
③ 司莉,庄晓喆,王思敏,等.2005年以来国外科学数据管理与共享研究进展与启示[J].国家图书馆学刊,2013,22(3):40-49.
④ 王祎,华夏,王建梅.国内外科学数据管理与共享研究[J].科技进步与对策,2013,30(14):126-129.
⑤ 黄如花,邱春艳.国外科学数据共享研究综述[J].情报资料工作,2013(4):25-31.
⑥ 张萍.英国高校科研数据管理及启示[J].情报杂志,2015(4):155-159.
⑦ 邱春艳,黄如花.近3年国际科学数据共享领域新进展[J].图书情报工作,2016(3):6-14.
⑧ 王广华.国土资源科学数据共享研究综述[J].测绘通报,2007(4):34-37.
⑨ 凌晓良,LEE Belbin,张洁,等.澳大利亚南极科学数据管理综述[J].地球科学进展,2007,22(5):532-539.
⑩ 朱星明,耿庆斋,蔡佳男.水利科学数据共享的现状与发展趋势[J].中国水利,2008(14):47-50.
⑪ 李慧佳,马建玲,王楠,等.国内外科学数据的组织与管理研究进展[J].图书情报工作,2013,57(23):130-136.
⑫ 周波,钱鹏.我国科学数据元数据研究综述[J].图书馆学研究,2013(2):7-10.
⑬ 黄如花,邱春艳.国内外科学数据元数据研究进展[J].图书与情报,2014(6):102-108.
⑭ 黄永文,张建勇,黄金霞,等.国外开放科学数据研究综述[J].现代图书情报技术,2013(5):21-27.
⑮ 邱春艳.欧盟科学数据开放存取实践及启示[J].情报理论与实践,2016(11):138-144.
⑯ 邓君,宋文凤.科学数据价值鉴定研究进展[J].情报科学,2012(6):942-946.
⑰ 何琳,常颖聪.国内外科学数据出版研究进展[J].图书情报工作,2014,58(5):104-110.
⑱ 肖潇,吕俊生.E-science环境下国外图书馆科学数据服务研究进展[J].图书情报工作,2012,56(17):53-58.
⑲ 刘晓娟,于佳,林夏.国家科研数据服务实践进展及启示[J].大学图书馆学报,2016,34(5):29-37.
⑳ 张瑶,吕俊生.国外科研数据管理与共享政策研究综述[J].图书馆理论与实践,2015(11):47-52.
㉑ 刘润达,彭洁,Runda L,等.我国科学数据共享政策法规建设现状与展望[J].科技管理研究,2010,30(13):40-43.
㉒ 张静蓓,吕俊生,田野.国外科学数据引用研究进展[J].图书情报工作,2014,58(8):91-95.
㉓ 张静蓓,田野,吕俊生.科学数据引用规范研究进展[J].图书与情报,2014(5):100-104.
㉔ 屈宝强,王凯.科学数据引用现状和研究进展[J].情报理论与实践,2016,39(5):134-138.
㉕ 杨京,王效岳,白如江.大数据背景下科学数据互操作实践进展研究[J].图书与情报,2015(3):97-102.

平台存在着“重保存轻共享”的情况,共享效果不理想。笔者在前期研究中对科学数据的标准规范体系及框架进行了探讨,标准规范体系框架主要涉及价值鉴定标准、数据质量规范、元数据编写规范及元数据标准、分类编码标准、数据发布规范、引用标准六个方面[①]。在前期研究的基础上,笔者发现元数据是信息组织、管理及共享的核心元素,计划以元数据为着手点,进一步展开深入研究。元数据的多样性影响元数据之间的互操作,元数据互操作阻碍我国科学数据共享的进展。笔者在本书中计划以科学数据的元数据为研究对象,研究科学数据元数据的互操作问题,为科学数据共享奠定基础。笔者从以下具体的3个方面说明科学数据元数据互操作的研究背景:

1)科学数据的重要价值

科学数据作为一种资源,对自然和社会科学有极大价值。在大数据时代,科学数据的开放、共享、挖掘、计算与应用,不仅能推动科学研究的发展,催生新的学科,也能带动经济发展,造福社会。有效收集科学数据,科学分析科学数据,最大化科学数据的价值,成为全球信息化发展的必然要求[②]。科学数据是支撑科学研究的关键性资料,具有重要的科研价值;科学数据可以对以论文形式发表的成果进行补充说明,能够帮助用户更加清楚科研的整个过程,可用于研究再现及证伪。科学数据对于不同的用户需要,在不同的数据阶段可以发挥不同的效益。如,原始数据可被科学家用来进行原始创新,数据集成的成果可用来指导行动,将数据转变成信息、知识并上升为理论或者是可实施的方案,可以推动社会进步。科学数据的重要性并不低于期刊等类型文献,其重要价值已被广泛认可,科学数据具有重要价值是本书的基本前提。

2)科学数据共享的迫切需要

大量的研究性科学数据,每年会从国家各类科技计划项目中产生,这些数据既是项目研究成果的组成部分,又是科技创新的基础。这些数据潜力没有得到充分的挖掘和利用,无法发挥到其应有的作用。出现这些情况是由于缺乏科学数据共享[③]。科学数据的共享可以减少重复研究,节省数据搜集及保存、维护成本,避免资源建设的浪费,也使得政府财政投入科研活动的价值得到进一步提升。地球科学的研究依赖于海量的、多样化的观测、探测、调查、试验数据,离不开科学数据的支持。地球科学包含12个二级学科,分别为地球科学史、大气科学、固体地球物理学、空间物理学、地球化学、大地测量学、地图学、地理学、地质学、水文学、海洋科学、地球科学其他学科[④],其对相关领域科学数据的共享有强烈的需求。地球科学具有典型的学科交叉特性,这一特性提高了地学数据资源的基础应用价值[⑤]。地球科学数据的共享也会推进相关学科的发展。分布在高校、科研院所、科学家手中,以及研究项目的过程与成果的数据,并利用这些数据以及相关部门的基础数据加工进行融合生产的多学科、系

① 2016第三届科学数据大会:科学数据与创新发展[EB/OL].[2016-6-22].http://dc2016.codata.cn/dct/page/1.

② 【科技中国】孙九林:在流动和共享中实现科学数据的价值[EB/OL].[2016-8-5].http://www.lreis.ac.cn/sc/news/final.aspx? id=1141.

③ 孙九林等:科学家要促进科学数据共享和流动[EB/OL].[2016-8-4].http://www.cas.cn/xw/zjsd/201009/t20100926_2974184.shtml.

④ 中国标准化研究院,中国科学院计划财务局.学科分类与代码:GB/T 13745—2009[S].北京:中国标准出版社,2009.

⑤ 王卷乐,王琳.RDF/XML在地学数据Web共享中的应用研究[J].地理信息世界,2005(6):8-11.

列化的数据产品,迫切需要整合、集成和共享,发挥其最大的效能①。推进科学数据共享需要对科学数据元数据互操作方法进行研究。

3)多种科学数据元数据标准共存,难以共享

元数据是关于数据的数据,对数据资源的特征进行描述,元数据从数据描述与索引的方法扩展为数据发现、转换、管理、使用的重要的工具与方法之一②。国内外许多行业或部门的数据中心,分别建立自身的元数据标准,来统一管理分布式的数据资源。行业为了快速建立适合自身的元数据,摒弃了业内较成熟、应用面较广的标准,制定或采用全新的元数据标准。各个行业根据自身业务体系制定的标准,没有将跨领域和多学科问题考虑在内,多种元数据标准的共存,给更大范围的数据共享带来了障碍。另外,由于地球科学涉及的学科众多,资源类型多样,不能只通过一种元数据标准用来描述所有的科学数据资源,需要构建多个相互关联的元数据,构成完整的元数据标准体系③。因此,当系统使用不同的元数据格式对资源进行描述、检索和利用时,需考虑元数据之间的释读、转换问题,确保系统向用户提供的一致性服务,即实现元数据之间的互操作④。

0.1.2 研究意义

本书的主要研究意义为:有助于实现异构科学数据资源的统一检索,促进科学数据共享与服务,推进科学数据的增值利用。

1)有助于实现异构科学数据资源的统一检索

用户期待搜索到相关资源的成本越来越低,不用分别进入各个科学数据平台搜索,不用熟悉各种不同的检索界面,更希望建立统一的科学数据检索平台,通过一站式检索就能获得其所需要的科学数据资源。在使用不同的元数据标准描述科学数据资源的情况下,对元数据互操作方法的研究,有助于解决元数据标准多样性与资源需求接口单一性之间的冲突,实现异构数据资源的统一检索。如检索界面用的是广泛使用的一种元数据标准,由于不同的科学数据资源使用不同的元数据进行描述,系统后台需建立各种元数据之间的转换关系。当用户进行检索时,系统可以将用其他元数据描述的科学数据资源检索出来,以检索界面的元数据格式返回给用户,实现了统一检索。

2)促进科学数据共享与服务

科学数据元数据的互操作,是实现科学数据共享的关键技术。其在支持科学数据元数据交换和互操作的基础上,实现跨系统的科学数据的组织、整合检索、服务集成,保证用户能够在整个分布式环境中发现、检索和利用需要的资源和服务⑤。

3)推进科学数据的增值利用

科学数据互操作的研究促进科学数据的共享,科学数据的共享推进科学数据的增值利

① 本刊记者.为科学数据共享探索不息:访中国工程院院士、地球信息科学专家孙九林[J].中国科技资源导刊,2008,40(1):73-75.

② 李集明,沈文海,王国复.气象信息共享平台及其关键技术研究[J].应用气象学报,2006,17(5):621-628.

③ 王卷乐,游松财,谢传节.元数据技术在地学数据共享网络中的应用探讨[J].地理信息世界,2005,3(2):36-40.

④ 毕强,朱亚玲.元数据标准及其互操作研究[J].情报理论与实践,2007,30(5):666-670.

⑤ 申晓娟,高红.从元数据映射出发谈元数据互操作问题[J].国家图书馆学刊,2006,15(4):51-55.

用。科学数据具有科研、社会和经济价值。数据的不断升值,需要在科学数据共享平台上实现数据的共享和流动。“美国严格要求数据的共享,长期以来,在科研工作者群体中数据共享已经构成了科研活动中不可缺少的组成部分。通过数据公开,不同专业和研究方向的科研人员可以方便地获得这些科研数据并进行不同方面的开发和利用,数据的价值就得到不断地增值和强化。”①

0.2 国内外研究现状

在文献调研过程中,笔者利用 Elsevier ScienceDirect、Emerald 期刊和丛书、Springer 电子期刊及电子图书、Web of Science 核心合集、ProQuest 学术著作全文检索平台等外文数据库,结合 google 搜索引擎;分别检索题名为“scientific data”、题名为“geographic metadata”或“metadata interoperability”、题名为“Metadata mapping”或“Metadata crosswalks”、题名包括“RDF”和摘要包括“metadata interoperability”、题名为“Metadata application profile”等的相关文献。通过阅读,辨别与本书研究主题相关的文献,再进行深入研读。利用中国知网(CNKI)、万方数据、维普数据中文数据库,结合 google 及百度等搜索引擎,分别检索:①在 CNKI 中,勾选期刊来源类别为“核心期刊”和“CSSCI”,查找题名为“科学数据”或“科研数据”,并且主题为“标准”或“规范”的相关文献;查找题名为“元数据”和“互操作”的相关文献;查找题名为“映射”,并且主题为“元数据”和“互操作”的相关文献。在万方数据和维普数据中采用相仿的检索途径,补充在 CNKI 中未收录的文献。②在 CNKI 的“标准”文献中,检索标准名称为“元数据”的有全文的文献,并进一步查找与科学数据元数据相关的文献。③在阅读文献过程中,通过参考文献进一步追溯,查找相关文献。④在阅读文献过程中,查找文献中提到的相关的科学数据平台,在平台上寻找相关的元数据标准。⑤根据文献所属的项目,在 CNKI 的基金项目中模糊搜索“地球系统科学数据共享”,查找相关文献。⑥检索与研究主题相关的某位重要作者(如孙九林、王卷乐)的文献。

0.2.1 国外研究现状

国外的研究现状主要涉及以下几个方面:关于地球科学元数据作用的研究、关于元数据互操作方法的研究、关于地球科学元数据互操作方法的研究。

1)关于地球科学元数据作用的研究

元数据具有哪些作用,是选择使用元数据来描述信息资源的重要考虑条件。一些文献中探讨了元数据的作用。元数据用于记录、发现、评估、整合、分发和存档地理信息资源。元数据可以用来记录地理科学科学数据的属性。地球科学方面的元数据旨在回答以下问题:数据是谁开发的？数据是什么时候收集的？数据是怎样被处理的？如何定义数据属性？数据的哪些格式是可用的？如何获取数据？元数据提供数据的背景以及支持数据的有效应用②。另外,使用元数据描述信息资源可以避免数据价值的损失,如一个新用户不能相信没有完整描述的数据集;用户找不到早期的数据集,对找到的文件不确定,在重复的努力中浪

① 孙九林等:科学家要促进科学数据共享和流动[EB/OL].[2016-8-19].http://www.cas.cn/xw/zjsd/201009/t20100926_2974184.shtml.

② Geospatial metadata.[EB/OL].[2016-12-6].http://www.docin.com/p-1307051551.html.

费时间和金钱;编写和编辑元数据可能看起来很耗时,但元数据为其他用户带来了好处①。

2)关于元数据互操作方法的研究

元数据的互操作方法有元数据互操作的框架及层次划分,综合讨论的模式、记录、仓储级别的元数据的互操作方法,元数据互操作技术的调查,映射,元数据注册框架,资源描述框架,概念框架,以及应用规范与本体。

(1)关于元数据互操作的框架及层次划分

曾蕾将元数据互操作分为模式、记录、仓储级;曾蕾的三级互操作框架,按时间顺序涵盖了从元数据标准构建、记录产生到检索应用的数字资源建设全过程,又兼顾了信息资源描述的不同深度,如元素、记录、框架模式等②。元数据互操作框架的级别及其互操作方法如表0-1所示。

表 0-1　元数据互操作框架的级别及其互操作方法

级别	互操作方法
模式级	映射、注册
记录级	转换、复用与集成
仓储级	协议、API、关联数据

(2)模式、记录、仓储级别的元数据的互操作方法

为了便于元数据模式之间的互操作,广泛实施的互操作方法有:应用规范(application profile,AP),映射(crosswalk),基于本体的集成(ontology-based integration)。应用规范是由实施者从一个或多个元数据模式的数据元素中选取,适用于所要描述的信息资源。应用规范基于命名空间,命名空间是特定数据集或词汇定义的参考。映射是将源元数据与目标元数据中相似语义的元素对应起来的方法。本体以正式方式表达语义,是被创建服务于人、机构和软件的互操作机制。本体能将一个领域概念化,在元数据互操作中,起到介导作用,表达概念及概念之间的关系③。

Chan 和 Zeng 对元数据的互操作和标准化方法进行研究,从方法论的角度,互操作的实现可以被考虑为 3 个不同层级:模式级、记录级和仓储级。模式级中的元数据模式指的是元数据标准,在模式级实现元数据互操作的方法包括:衍生、应用规范、映射、转接板、框架、元数据注册。衍生方法指一种新的元数据模式衍生已经存在的模式。具体的衍生方法包括适应、修改、扩展、部分改编、翻译等,在这种情况下,新的模式依赖于源模式。其中"适应"是指修改现存元数据模式,使其迎合本地或特定的需要。与衍生方法类似的方法是将现存的元数据模式翻译为不同的语言。应用规范是一个适应个性化需求典型的方法,通常是将来自一个或多个元数据模式的元数据元素,由实施者将元素合并成混合模式。AP 也可能是针对不同用户群体,基于单一模式。AP 不能声明新的元数据术语和定义,如果实施者希望创建

① Why Do Metadata? [EB/OL].[2016-12-26].http://www.nconemap.gov/Default.aspx? tabid=418.

② MARCIA L Z,QIN J. Metadata[M].Neal-Schuman Publisher Inc.,2008.

③ Bountouri L,Papatheodorou C,Soulikias V,et al.Metadata interoperability in public sector information[J].Journal of Information Science,2009,35(2):204-231.

新的元素，他们必须创建新的命名空间模式，并负责声明和维护此模式。映射具体指一种元数据模式的元素、语义、语法到另外一种元数据模式的元素、语义、语法的映射。在映射的实践中，有绝对映射和相对映射两种方法：绝对映射确保元素的等价（或接近的等值匹配），相对映射确保了在源元数据的每个元素中，至少有一个目标元数据元素与其对应。转接板是将各种元数据模式均映射到中间模式[①]。在记录级别中，常用的两种方法为元数据记录的转换和数据复用与集成。在仓储级别中，方法有基于OAI协议的元数据仓储、基于值的共现映射、跨库检索中基于值的映射、聚合（aggregation）和丰富记录[②③]。

（3）元数据互操作技术的调查

Haslhofer和Klas提供了现有互操作技术的分类，认为元数据互操作的实现可以从元数据元模型、元数据模型和元数据实例三个层面来考虑。确定了三个重要的方式来实现模型之间的互操作：特定元数据模型之间达成一致，介绍和商定一个共同的元模型，调和结构和语义异质性。在模型一致性方面，标准化可以覆盖语言层面（标准化的语言）、模式层面（标准化的元数据模式）、实例层面或几个层面（混合元数据系统）；在元模型一致方面，模型之间的关系通过公共的元模型被建立，通过这个关系，专有模型的元数据元素可以被操纵，就像它们是元模型的元素一样，元模型一致性通过公共的元模型创建了专有模型之间的对应关系，隐含地实现了互操作。具体的方法有元数据元模型、抽象元数据模型、全球概念模型、元数据框架、应用规范；在模型调和方面，当在建立标准的一致性激励很少的环境下，模型和元模型的一致性均是不太合适的元数据互操作方法，加上在元数据标准中没有权威的标准时，需要考虑协调模型之间的异质性。具体的方法有语言的映射、模式映射、实例转换。Haslhofer和Klas描述了这些技术的特点，并通过分析解决多种类型异质性的潜力来比较其质量，认为在特定元数据标准不能达成一致时，元数据的映射是集成场景中的适当技术。元数据映射阶段包括映射发现、映射表示、映射执行、映射维护。映射发现涉及找到两种模式元素之间的语义和结构的关系，以及在模式和实例级别上协调异构性；映射表示是映射过程的第二阶段，表示正式声明两个元数据方案之间的映射关系；映射执行是在运行时执行映射规范的阶段；映射维护指注册表提供必要的维护功能，并跟踪可用的元数据方案和它们之间的映射[④]。

（4）映射

美国国会图书馆MARC标准办公室制定了MARC 21到DC元素集的映射[⑤]，也制定了DC数据集到MARC 21的映射[⑥]。ISAD（G）到EAD、EAD到ISAD（G）、DC到EAD、USMARC

① Chan L M, Zeng M L. Metadata interoperability and standardization-A study of methodology part I Achieving Interoperability at the Schema Level[J]. D-Lib Magazine, 2006, 12(6).

② Zeng M L, Chan L M. Metadata interoperability and standardization-A study of methodology part II achieving interoperability at the record and repository levels[J]. D-Lib Magazine, 2006, 12(6).

③ Marcia Lei Zeng. Metadata Interoperability Issues and Approaches[EB/OL]. [2016-8-20]. http://dublincore.org/resources/training/dc-2009/MarciaL2.pdf.

④ Haslhofer B, Klas W. A survey of techniques for achieving metadata interoperability, 2010, 42(2): 37.

⑤ MARC to Dublin Core crosswalk[EB/OL]. [2015-9-26]. https://www.loc.gov/marc/marc2dc.html.

⑥ Dublin Core to MARC crosswalk[EB/OL]. [2015-9-26]. https://www.loc.gov/marc/dccross.html.

到 EAD 的映射均被制定①。

Hsueh 和 Chen 介绍了来自明清至今的数字化收藏,元数据架构和应用团队(metadata architecture and application team,MAAT)被委托设计元数据元素,MAAT 的成员是一些参与 2002—2012 年国家数字档案项目(national digital archiving project,NDAP)中的成员。MAAT 设计的元数据元素数据化条目被分析和比较,根据元数据要求规范,基于档案描述编码格式(encoded archival description,EAD),发现每个级别的核心元数据,即分别在全宗、系列、文件夹、项目级别,和 EAD 标准建立映射,与国际档案描述经验比较,为未来与国际标准的整合打下了基础②。

Kalou 等提出将学习对象元数据(learning object metadata,LOM)映射到其他的标准,LOM 用于描述教育材料(学习材料)和培训资料(学习资料),是被广泛采用的标准,LOM 概念模式定义了学习对象元数据实例的结构,包含 60 多种元素,这些元素被分为 9 类,包括一般信息(general)、生命周期(life-cycle)、元-元数据(meta-metadata)、技术(technical)、教育(educational)、权限(rights)、关联(relation)、注释(annotation)和分类(classification)。LOM 标准遵循信息对象的一般粒度等级,包含了 6 个聚合级别:第一层,课程(curriculum);第二层,课程(course);第三层,单元(unit);第四层,主题(topic);第五层,课时(lesson);第六层,段落(fragment)。电子课堂(eClass)平台采用了其中部分分层。按照 Course、Curriculum、Unit、Fragment/Meterial 层级,分别将 Open eClass 的元数据元素映射到 LOM 标准中。实现 eClass 与 LOM 元数据标准之间的互操作③。

(5)元数据注册框架

Sinaci 和 Erturkmen 通过弥合在临床护理和研究领域之间互操作的差距,促进电子健康记录的二次利用,引入了统一的方法和支持框架,有力地结合元数据注册(metadata registries,MDR)和语义网络技术的力量。为了使公共数据元素(common data element,CDE)能以机器可处理的方式维护,选择 ISO/IEC 11179 元数据注册标准,此标准解决了数据元素的语义管理,提供用于数据元素表示的标准元数据模型,并提供了一种通过该标准模型将数据元素的描述注册到 MDR 的方法。在 ISO/IEC 11179 模型当中,一个数据元素通过其组件被表示,基本是通过三元关系:对象类(object class)、属性(property)和值域(value domain)。通过这个模型,语义被明确地定义,便于数据元素组件的管理和重用。一个集成的元数据注册框架能具备以下功能:搜索不同元数据注册系统的公共数据元素;从元数据注册中检索已经选择的公共数据元素的标准规范;通过参考各自的公共数据元素,重用在不同的元数据注册中的公共数据元素;应该可以参考公认的知识组织系统本体和术语系统,链接和语义关联不同元数据注册的公共数据元素;可以方便地查询元数据注册中的语义关系。通过扩展 ISO/IEC 11179 标准,引入联合语义元数据注册框架,并通过链接开放数据(linked open data,LOD)原则实现数据元素注册表的集成,其中每个公共数据元素可以被唯一引用,查询和处

① EAD application guidelines for version 1.0[EB/OL].[2015-9-26].http://www.loc.gov/ead/ag/agappb.html.

② Hsueh L K,Chen H P.The Collaborative Study of Archival Metadata Mapping in Taiwan[J].Procedia Social and Behavioral Sciences,2014,147(147):175-181.

③ Kalou A K, Koutsomitropoulos D A ,Solomou G D ,et al.Metadata interoperability and ingestion of learning resources into a modern LMS[C]//Garoufallou E, Hartley R, Gaitanou P.Metadata and Semantics Research.Springer,2015:171-182.

理,以实现语法和语义的互操作性。每个公共数据元素及其组件被维护为链接开放数据资源,能使每个公共数据元素、术语系统以及实现相关的内容模型之间的语义链接;因此便于促进在不同应用领域之间的语义搜索、有效重用和语义互操作。在处理医疗保健领域语义互操作方面的重要成果有集成医疗保健企业(integrating the healthcare enterprise,IHE)的数据元素交换(data element exchange,DEX)文件提议、临床数据交换标准联盟(clinical data interchange standards consortium,CDISC)的共享健康和研究电子图书馆(shared health and research electronic library,SHARE)(CDISC SHARE 是 CDISC 下的项目,旨在支持不局限于 CDISC 开发的多个标准的可计算语义互操作性)和 CDISC 2RDF(一个开发计划,旨在使用语义 Web 标准和关联数据原则使 CDISC 的标准可以被利用)。本书的架构是提供一个框架来互联这些现有数据元素注册表和存储库,更大程度地增加语义互操作性的潜力①。

(6)资源描述框架

资源描述框架(resource description framework,RDF)是由主语、谓语、宾语三元组组成的。在元数据标准的转换过程中,源元数据元素可被视为主语,目标元数据元素可被视为宾语,两种元数据标准之间的关系被视为谓语。RDF 三元组可用于阐明多样的语义层级关系,如"与……同义""组合""划分为"等。

Chen 研制出了基于 RDF 的语义映射模式,能够阐明元数据元素及其之间关系的各种情况。用 RDF 实现元数据映射模式涉及 5 个步骤:步骤 1,识别源元数据标准中的对象及对象之间的关系;步骤 2,从源标准的元数据元素中选择要使用的对象;步骤 3,在源元素和目标元素中识别语义层级关系;步骤 4,识别源元素和目标元素之间的粒度和语义关系;步骤 5,基于 RDF 关系映射源元数据到目标元数据所有等价的语义元素,并用两个用例测试和证明元数据互操作的可行性。两个用例分别为数字档案馆项目中的海军舰艇档案项目(archives of navy ships project,ANSP)(EDA 到 DC 的映射)和数字博物馆项目故宫博物院文物数字化工程(digital artifacts project of National Palace Museum,DAPNPM)(CDWA 到 DC 的映射)。其中,EDA 指的是艺术作品描述目录(categories for the description of works of art,CDWA),CDWA 指的是档案说明编码(encoded archival description)②。

(7)概念框架

Lee 和 Jacob E K 提出概念框架,作为机读目录(machine-readable cataloging,MARC)数据元素和书目记录功能要求(functional requirements for bibliographic records,FRBR)属性之间的中介,便于 MARC 和 FRBR 的互操作。这种概念结构不是用来描述资源的,它提供了一套书目核心元素,能将 MARC 元素与相关的 FRBR 连接起来。在构建这个框架的过程中,根据它们各自的结构分析 MARC 元素和 FRBR 实体及属性。根据其预期的应用或用途对元素和属性进行分类,仅分析描述资源(MARC)或指定的书目关系(FRBR)的那些要素,并且在每个结构中具有相同或相似含义的要素被分类,以提供 MARC 元素和 FRBR 实体之间的连接的基础,将 MARC 元素分为七个类别:作者、标题、主题、出版物、描述、标识符和格式。与

① Sinaci A A, Erturkmen G B L. A federated semantic metadata registry framework for enabling interoperability across clinical research and care domains[J]. Journal of Biomedical Informatics,2013,(46):784-794.

② Chen Y N. A RDF-based approach to metadata crosswalk for semantic interoperability at the data element level[J]. Library Hi Tech,2015,33(2):175-194.

MARC 元素一样,作者对 FRBR 实体进行分组,分为七类:作者、标题、主题、描述、标识符、出版物和格式。在分类元素时,确定四种匹配类型:精确匹配,类似匹配,部分匹配和不匹配。在分析框架类别之间的语义关系的基础上,为所提出的结构确定了四个层次的嵌套:主类、类、子类和实例。最后,Lee 和 Jacob E K 合并了映射的元素以形成基于元素之间的语义关系的新结构。这种方法利用映射和合并的优势来实现两个异构结构之间的互操作性①。

(8)应用规范与本体

虚拟开放获取农业和水产养殖资源库(virtual open access agriculture & aquaculture repository,VOA^{3}R)核心元数据元素的创建来自于以下命名空间:DC 元数据元素集(Dublin core metadata element set,DCMES)、美国电器和电子工程师协会学习对象元数据元素集(institute of electrical and electronics engineers learning object metadata,IEEE LOM)、农业元数据元素集(agricultural metadata element set,AgMES)②。

Bountouri 等研究了多种公共部门信息元数据标准,提出两种实现元数据互操作的方法。第一种方法是基于著名的电子政务元数据标准开发一种元数据应用规范,分为 3 个步骤:步骤 1,将其他元数据标准与 DC 进行比较;步骤 2,语义解决和协调;步骤 3,公共部门信息应用规范。第二种方法是基于本体创建的语义集成。探索核心本体的发展和使用,定义生产和管理公共部门信息的主要概念和关系,核心本体可以被考虑作为正式模板,用来概念化特定领域的内容。

推荐的本体目的不是代替描述公共部门或政府信息的元数据模式,本体定义了概念视图,补充了更广泛的公共部门信息管理方面的内容,描述了最重要的概念和概念之间的关系。采用组合开发过程,即自顶向下(先定义最一般的概念,随后专业化这些概念)和自底向上(先定义许多具体的类、层次结构,随后将这些类组合成更一般的概念)的方法相结合,先通过定义重要的概念,随后适当地推广和专业化。主要分为 3 个步骤:步骤 1,本体的主要分类。在这个步骤中,本体定义了每个类的范围和内容,主要的分类为参与者(子类为公共管理部门、公民、商业公司)、过程(子类为功能、服务)、信息对象(子类为记录)、法律、政策、类型、名称、时间、地点;三个主要的上层类目为参与者、过程、信息对象。步骤 2,本体的属性。步骤 3,基于本体的元数据互操作方法。对两种方法在元数据整合过程中就互操作的适用范围和互操作性方面进行比较。在适用范围方面,应用规范是面向对象的,注重于用户寻找公共部门信息记录搜索和检索的需要;本体的目标是定义一个领域的语义概念,主要是面向信息集成的需要③。

3)关于地球科学元数据互操作方法的研究

---

① Lee S,Jacob E K.Approach to metadata interoperability:construction of a conceptual structure between MARC and FRBR[J].Library resources & technical services,2011,55(1):17-32.

② Diamantopoulos N, Sgouropoulou C, Kastrantas K, et al.Developing a metadata application profile for sharing agricultural scientific and scholarly research resources[J].Metadata and Semantic Research.Spring- er Berlin Heidelberg,2011:453-466.

③ Bountouri L,Papatheodorou C,Soulikias V,et al.Metadata interoperability in public sector information[J].Journal of Information Science,2009,35(2):204-231.

关于地球科学元数据互操作的方法主要是映射。

国家信息环境中心(National Centers for Environmental Information,NCEI)的元数据转换工作组完成了CSDGM到ISO的映射①。CSDGM到DIF的映射②、DIF到ISO的映射③、DIF到ESRI的映射④、DC到DIF的映射⑤、ANZLIC到DIF的映射⑥也均被制定。

Nogueras-Iso等呈现了常用的地理信息相关元数据标准映射创建的过程。过程分为以下4个步骤:统一(提供DTD或XML-Schema描述语法)、语义映射(创建映射表)、元数据转换的其他规则、映射的自动完成(样式表的使用),实现了ISO 19115核心元数据到DC之间的映射,DC包含16个元数据元素[有一个扩展元素为听众(audience)],ISO 19115的核心元数据包含22个元数据元素,建立映射表后,发现DC中的四个元素“其他参与者”(contributor)、“关联”(relation)、“听众”(audience)和“权限”(rights)在ISO 19115核心元数据中没有对应项,将此四个元素与ISO 19115全集元数据中的元素进行对应,完成DC到ISO 19115核心元数据之间的转换⑦。

学者通过比较FGDC与DC的元数据标准,建立两者的映射,参考DC的普遍利用,在描述地理信息的FGDC元数据标准中的元素,选出应用于地理信息的元数据方案,包括的元素有题名(title)、摘要(abstract)、主题(subject)、创建者(originator)、目的(purpose)、内容时间段(time period of content)、上述时段所代表之事件意义(currentness reference)、进展(progress)、维护和更新(maintenance and update frequency)、边界坐标(bounding coordinates)、主题词表和关键词(theme thesaurus and keywords)、访问约束(access constraints)、使用约束(use constraints)、出版者(publisher)、出版日期(publisher date)、语种(language)⑧。

0.2.2 国内研究现状

国内的研究现状主要涉及三个方面:关于元数据标准的制定和研究、关于元数据互操作方法的研究、关于地球科学领域的元数据互操作方法的研究。

1)关于元数据标准的制定及研究

元数据标准包括元数据子集、元数据实体和元数据元素。元数据子集是指元数据的子集合,由相关的元数据实体和元素组成;元数据实体是一组能说明相同特性的元数据元素;

① XML transformations[EB/OL].[2016-6-28]. http://www.ncddc.noaa.gov/metadata-standards/metadata-xml/.

② FGDC metadata standard to GCMD DIF[EB/OL].[2016-6-28].http://gcmd.nasa.gov/add/standards/fgdc_to_dif.html.

③ DIF to ISO mapping[EB/OL].[2016-6-28].http://gcmd.nasa.gov/add/standards/difiso.html.

④ GCMD DIF to ESRI profile of FGDC[EB/OL].[2016-6-28].http://gcmd.nasa.gov/add/standards/esri_to_dif.html.

⑤ Dublin Core Element Set to GCMD DIF[EB/OL].[2016-6-28].http://gcmd.nasa.gov/add/standards/dublin_to_dif.html.

⑥ ANZLIC metadata standard to GCMD DIF[EB/OL].[2016-6-28].http://gcmd.nasa.gov/add/standards/anzlic_to_dif.html.

⑦ Nogueras-Iso Zarazaga-Soria J F, Lacasta J, et al. Metadata standard interoperability: application in the geographic information domain[J].Computers, Environment and Urban Systems,2004,28(6):611-634.

⑧ FGDC and Dublin Core metadata comparison [EB/OL].[2016-12-20].http://www.doc88.com/p-7058978427 810.html.

元数据元素是元数据的基本单元①。一些学者对元数据的子集、实体、元素进行了探讨。关于元数据标准的研究主要是地球科学领域的核心元数据。

王卷乐和陈义华设计的中国地球系统科学地学核心元数据主要包括七个大类和三个公共数据项。七个大类有标识信息、数据质量信息、空间数据表示信息、空间参照系统信息、内容信息、分发信息、元数据参考信息;三个公共数据项为引用信息、时间信息、负责单位联系信息。公共数据不单独使用,作为其他元素引用的对象。这个元数据标准在中国地球系统科学数据共享网中得以尝试②。核心元数据及其定义如表 0-2 所示。

表 0-2　王卷乐和陈义华设计的核心元数据及其定义

元数据	定义
标识信息	数据集的基本信息
数据质量信息	对数据质量进行总体评价的信息
空间数据表示信息	数据集中空间信息的组织方法
空间参照系统信息	数据集中坐标的参考框架以及编码方式的描述
内容信息	数据集内容的细节信息
分发信息	数据发行和获取的信息
元数据参考信息	元数据当前状况及其负责部门的信息
引用信息	引用和参考数据集时所需的简要信息
时间信息	提供有关事件的日期和时间的信息
负责单位联系信息	在主要子集中被引用的有关个人或组织的联系信息

王卷乐等构建的元数据框架包括 3 个层次,即核心元数据、模式元数据和应用领域专用元数据,并制定了地学的核心元数据③。在各种技术的支持下,实现了元数据管理的原型应用系统,该系统为国家科技基础条件平台中的国家地球系统科学数据共享平台(http://www.geodata.cn/)提供数据服务。该核心元数据标准包含的元数据元素有元数据文件标识、数据集引用信息、数据集作者、数据集出版日期、数据集出版地、数据集版权所有者、数据表示方式、在线连接、数据集语种、数据集字符集、数据集学科分类、关键词、数据集摘要、数据格式名称、数据格式版本、数据集来源、数据集完成日期、数据集负责方、负责单位名称、负责人名、职务、职责、详细地址、城市、行政区、邮政编码、国家、电子邮件地址、链接地址、电话、传真、元数据标准名称。

诸云强等针对地球系统科学不同学科数据资源的特性,设计了地球系统科学数据核心元数据标准及扩展方案。将地球系统科学核心元数据标准设计为三层模式,为"模块-复合

① 国家基础地理信息中心等.GB /T 19710—2005 地理信息元数据[S].北京:中国标准出版社,2005.

② 王卷乐,陈义华.基于元数据管理的地球系统科学数据共享研究[C]//中国地理信息系统协会年会,2004.

③ 王卷乐,游松财,谢传节.地学数据共享中的元数据标准结构分析与设计[J].地理与地理信息科学,2005,21(1):16-18,37.

元素-元数据元素”。元数据元素是最基本的具有独特意义的不可分割的信息单元;复合元素通常表示较高层次的概念,由若干数据元素,或者数据元素与其他复合元素共同组成;模块由不同的数据元素和复合元素,或者由数据元素、复合元素和其他模块构成,是描述数据集某一方面特征的元素集合。ESSCM 已经应用到地球系统科学数据共享网,ESSCM 包括 5 个模块:元数据基本信息模块、分发信息模块、质量信息模块、标准参考信息模块、联系信息模块。联系信息模块为辅助模块,只能被其他模块的元素引用,不可单独使用。元数据的 5 个模块名称、定义及所包含的内容如表 0-3 所示。

表 0-3 ESSCM 的模块名称、定义及所包含的内容

模块名称	定义	内容
元数据基本信息模块	对数据集基本信息的描述	数据集 ID、名称、摘要、关键词、所属学科、格式、来源、时间、更新频率、语种等元素,以及数据集范围、项目信息两个复合元素
分发信息模块	记录与数据集发行及获取使用的有关信息	版权声明、订购指南、收费策略、使用技术方法、数据集联系方法等元素
质量信息模块	记录数据集数据质量状态	数据集生产日志、质量评测报告等元素
标准参考信息模块	对元数据标准本身的描述	元数据标准名称、元数据时间、元数据联系信息等元素
联系信息模块	联系信息	联系名称、联系地址、联系方法等复合元素

为了使 ESSCM 与科学数据共享工程其他的元数据标准等进行交换,规定了 ESSCM 的最小公共元数据集,其是对地球系统科学数据资源最基本的特征描述,以及用户获取该数据集必要的信息描述①。共包括 9 个元素,分别为数据集标识、数据集名称、数据集关键词、数据集摘要、数据集提供者、数据集格式、数据集时间、数据集学科分类、数据集分发联系方式。

2)关于元数据互操作方法的研究

关于元数据互操作方法的研究,涉及对元数据互操作框架及层次的划分,元数据互操作的调查,各种元数据互操作方法的探讨,以及对某种方案的深入研究。

(1)关于元数据互操作的框架及层次划分

①张晓林将元数据互操作框架划分为数据内容、编码规则、元素语义、元素结构、标记格式、交换格式、通信协议七个层面②。

②赵景明和张福学认为可以从元数据表、元数据记录、元数据仓储三个层面实现元数据的互操作。每个层面和元数据互操作的方式如表 0-4 所示。

① 诸云强,孙九林,廖顺宝,等.地球系统科学数据共享研究与实践[J].地球信息科学学报,2010(1):1-8.

② 张晓林.元数据研究与应用[M].北京:北京图书馆出版社,2002:240-241.

表 0-4　元数据互操作的划分层面与实现方法

层面	实现方法
元数据表	衍生、应用规范、直接对照、转换对照、超结构框架、元数据登记站
元数据记录	元数据记录的直接转换、数据重用与集成
元数据仓储	基于 OAI-PMH 的元数据仓储，支持多格式而无须记录转换的元数据仓储，元数据聚合，基于元素和值的对照服务，跨库检索中基于值的映射，基于值的协同映射

③刘飞将元数据的互操作划分为语义、语法和结构三个层面。数据互操作划分层面及其互操作方法如表 0-5 所示①。

表 0-5　元数据互操作划分层面及其互操作方法 Ⅰ

划分层面	互操作方法
语义互操作	映射、OAI 与 Z39.50
语法互操作	XML
结构互操作	RDF
其他	元数据登记系统

④毕强等将元数据互操作划分为语义、结构和语法、协议互操作三个层面。元数据互操作划分层面及其互操作方法如表 0-6 所示②。

表 0-6　元数据互操作划分层面及其互操作方法 Ⅱ

划分层面	互操作方法
语义互操作	元数据衍化、应用方案（application profile）、元数据映射、通过中心元数据格式进行转换、元数据框架、元数据注册系统
结构和语法互操作	XML、RDF、XML 和 RDF 的融合、XSLT
协议互操作	Z39.50、OAI

⑤王兰成认为元数据之间的关系决定了应该采用的互操作方法，其将元数据之间的关系按照集合论的观点分为相容关系、相交关系、相等关系和互斥关系四种③。按照元数据的关系进行元数据之间的互操作，提出至少存在映射、融合、叠加、复用等 4 种类型的互操作方式。元数据互操作的方式及其对应的关系如表 0-7 所示。

表 0-7　元数据互操作方式及其对应的关系

互操作方式	关系	备注

① 刘飞.科学数据库元数据互操作技术研究[D].北京：中国科学院计算机网络信息中心，2004.

② 毕强，朱亚玲.元数据标准及其互操作研究[J].情报理论与实践，2007，30(5)：666-670.

③ 王兰成.知识集成方法与技术：知识组织与知识检索[M].北京：国防工业出版社，2010：93-96.

映射	相容、相等、相交	一对一的映射:相容或相等 单向映射:相容 双向映射:相等
融合	相交关系	针对同一领域信息集成的条件
叠加	互斥	元数据方案完全不同
复用	不用先考虑元数据之间的关系	以某种元数据为核心,建立新的元数据方案

(2)元数据互操作的调查

宋琳琳和李海涛分析了大学数字图书馆国际合作计划、中国国家图书馆数字图书馆工程、谷歌图书、欧洲数字图书馆、开放图书馆、HaithTruth、加州数字图书馆、美国记忆八个国内外知名的大型文献数字化项目的元数据互操作情况,发现在元数据互操作方式中,映射、复用与集成、协议和API较为常用,注册、转换和关联数据的应用范围相对较小。其中复用与集成方式,具体实现路径以METS和RDF两种方式为主①。

杨蕾和李金芮选取了世界数字图书馆项目、国际敦煌项目、欧洲数字图书馆、欧洲Michael Culture项目、美国记忆、美国公共数字图书馆、英国聚宝盆、日本国会图书馆八个典型的国外公共数字文化资源整合项目,从模式级、记录级和仓储级分析了元数据互操作的方式。互操作方式主要包括:采用统一的元数据标准、应用规范、映射等模式级互操作方式,数据复用与集成等记录级互操作方式,协议、API等仓储级互操作方式②。

(3)各种元数据互操作方法的综合探讨

牛金芳和郑晓惠提出元数据的互操作性包括语法和结构互操作、语义的互操作。其中RDF和XML分别属于结构和语法互操作,映射和OAI属于语义互操作③。申晓娟和高红提出元数据互操作的主要实现方法包括:采用统一的元数据标准、元数据映射、元数据转换,建立资源描述框架、元数据应用纲要/进行扩展、元数据交换协议等④。毕强和朱亚玲从语义互操作、结构与语法互操作、协议互操作3个方面,探讨了元数据互操作解决方法。解决语义互操作的方法有元数据衍化、应用方案、元数据映射、通过中心元数据格式进行转换、元数据标准框架、元数据登记系统等。结构与语法互操作方法一般会使用到以下语言:XML、RDF、XML与RDF的融合、XSLT。在协议互操作方法中,典型代表是Z39.50和OAI协议⑤。韩夏和李秉严提出元数据互操作的基础有XML、RDF、Z39.50协议、OAI协议。元数据互操作的方法主要有元数据转换(即元数据映射)、元数据复用、元数据开放搜寻。元数据转换的基本形式有一对一转换、通过中间格式进行转换、通过逻辑模型实现元数据的转换、单向转换和双向转换⑥。孔庆杰和宋丹辉提出解决元数据互操作问题的基本技术方案有元数据转换

① 宋琳琳,李海涛.大型文献数字化项目元数据互操作调查与启示[J].中国图书馆学报,2012,38(5):27-38.

② 杨蕾,李金芮.国外公共数字文化资源整合元数据互操作方式研究[J].图书与情报,2015(1):15-21.

③ 牛金芳,郑晓惠.元数据的互操作性[J].图书馆杂志,2002,21(4):39-43.

④ 申晓娟,高红.从元数据映射出发谈元数据互操作问题[J].国家图书馆学刊,2006,15(4):51-55.

⑤ 毕强,朱亚玲.元数据标准及其互操作研究[J].情报理论与实践,2007,30(5):666-670.

⑥ 韩夏,李秉严.元数据的互操作研究[J].情报科学,2004,22(7):812-814,877.

(一对一转换、多对一转换)、RDF/XML 解决方案、元数据开放搜寻(OAI、Z39.50 检索协议)、元数据复用①。朱超讨论了元数据主要的 4 种互操作模式:语义互操作(映射)、语法互操作(DTD 和 XML Schema)、结构互操作(RDF)、应用协议互操作(Z39.50 和 OAI)。映射有一对一(单向和双向映射)、多对多、星形映射方式(或 X 映射方式)。RDF 的两大关键技术是 URI 和 XML②。

(4)具体元数据互操作方法

具体的元数据互操作方法涉及映射、XML Schema、Z39.50 和 OAI 协议、元数据扩展、转接板及复用相结合。

①映射。有关元数据映射的研究有映射的两种互操作方法(两两映射和转接板)、MARC21、CNMARC 与 DC 之间的双向映射评析、DC 向 CNMARC 元数据格式的逆映射、MODS 与 MARC 实现互操作的必要性和简单映射、医学科学数据平台核心元数据与 DC 元数据的映射关系等。

胡良霖等介绍了元数据互操作的方法,映射为业界比较认可的互操作方法。映射分为两两映射和转接板。两两映射指两种元数据方案之间的映射;转接板方案应用于多种元数据方案映射,需选择其中一种元数据作为映射中心,其他的元数据均与此中心分别建立映射,从而实现经由中心元数据标准的任何两种元数据方案的互操作。著名的 OAI(open archive initiative)模型采用的就是转接板的映射方案实现元数据互操作,其中 DC 为中心元数据③。

申晓娟和高红对国家图书馆于 2005 年组织制定的 MARC21、CNMARC 与 DC 之间的双向映射进行了评析,将 DC 元素与 MARC 字段、子字段之间的对应关系归纳为:元素结构映射差异(一对一关系、一对多关系、多对一关系、无对应关系),元素应用匹配差异(必备元素与可选元素的差异、可重复与不可重复元素的差异、子元素差异、元素层次错位)④。萨蕾基于 CNMARC、MARC21、DC 元数据的特点,分析了它们之间映射存在的问题,如 CNMARC 和 MARC21 在映射过程当中,存在由于元素取值所依据的标准不一致导致的语义差异,以及由于 CNMARC 的本地化特点,与 MARC21 映射时存在结构匹配上的差异;MARC 和 DC 之间的映射问题主要有结构匹配差异、应用匹配差异、语义匹配差异⑤。顾潇华等研究了 DC 向 CNMARC 元数据格式的逆映射,探讨逆映射的意义,并对这一逆映射问题进行分析,如逆映射在元素结构匹配的模式(一对一、一对多、多对零),逆映射过程在语义匹配上的差异,有元数据元素的内涵问题(元数据元素内涵一致、DC 中的元素包含 CNMARC 中的元素、元数据元素有交叉关系)和元素取值所依据的编码标准不一致的问题。建立一种基于 DC 的细分的元数据元素集,解决 DC 向 CNMARC 的逆映射⑥。

高嵩分析了元数据对象描述 Schema(metadata object description schema, MODS)与

---

① 孔庆杰,宋丹辉.元数据互操作问题技术解决方案研究[J].情报科学,2007,25(5):754-758.

② 朱超.关于元数据互操作的探讨[J].情报理论与实践,2005,28(6):87-90,98.

③ 胡良霖,黎建辉,王闰强,等.科学数据库元数据互操作的类 OAI 模型[C]//科学数据库与信息技术学术讨论会.2004.

④ 申晓娟,高红.从元数据映射出发谈元数据互操作问题[J].国家图书馆学刊,2006,15(4):51-55.

⑤ 萨蕾.元数据互操作研究[J].情报科学,2014,32(1):36-40.

⑥ 顾潇华,戎军涛,史海燕,等.DC 向 CNMARC 元数据格式的逆映射研究[J].情报杂志,2006,25(10):17-18.

MARC实现互操作的必要性,介绍了实现互操作的途径,如元素集的映射,列出了MODS与MARC21的简单映射,在实际操作过程中,映射并不是完全对等的,在转化过程中也会有数据内容的丢失。在MODS与MARC21的转换过程中,需要中间层MARCXML的帮助。通过MARCXML,MARC记录可以转化为DC、MODS。MARCXML与MARC(2790)可以无损转化,通过MARCXML中间处理,2709格式的MARC可以转变为以XML Schema表达的记录,再通过XSLT转化成MODS,反之,MODS记录可以先转为MARCXML形式,再转换为MARC的2709格式①。

李翼和吴丹考察了国外PubMed Central(PMC)、Europe PubMed Central(Europe PMC)、澳大利亚健康与福利协会(AIHW)、临床试验信息网站(CT)四大开放医学科学数据平台的建设情况,以及对国内国家人口与健康科学数据平台进行调查,分别列出了各平台核心元数据与DC元数据的映射关系②。

②XML Schema。XML Schema是XML的Schema语言,是基于XML的DTD的替代者,用于描述XML文档的结构,是描述元数据标准的首选模式语言③。使用XML Schema是从语法层面实现元数据的互操作。刘飞等以科学数据库元数据标准建设为背景,介绍XML Schema及其在科学数据元数据互操作中的应用情况。XML Schema提供了创建XML文档必要的框架,详细说明一个XML文档的不同元素和属性的有效结构、约束和数据类型。XML Schema规范由三部分组成:XML Schema Part():Primer;XML Schema Part 1 Structures;XML Schema Part 2 Datatypes。与上一代XML模式语言文档类型定义(DTDs)相比,具有3方面优势:a.使用XML语法描述,XML Schema更易于理解,便于XML工具解析,具备更好的可扩展性和可交换性;b.更丰富的数据类型;c.引入Namespace机制。在XML中引入命名空间的目的是为了能够在一个XML文档中使用其他XML文档中的一些具有通用性的定义,保证不产生语义上的冲突④。

③Z39.50和OAI协议。张海涛等比较了Z39.50和OAI-MHP两种互操作协议,在起源方面,Z39.50起源于图书馆界,OAI起源于电子出版界;在应用领域方面,Z39.50应用于书目数据共享,OAI应用于电子文档共享;在互操作程度方面,Z39.50属于重量级,OAI属于轻量级;在使用的元数据标准方面,Z39.50针对的是MARC,OAI针对的是DC;在体系结构方面,Z39.50为分布式检索,OAI为集中式检索;在网络层次方面,Z39.50基于传输控制协议/因特网互联协议⑤,OAI基于超文本传输协议(hypertext transfer protocol,HTTP),对应于开放式系统互联(open system interconnection,OSI)参考的七层模型⑥(从第一层到第七层:物理层、数

---

① 高嵩.MODS与MARC的互操作分析[J].现代图书情报技术,2006(2):72-75.

② 李翼,吴丹.开放医学科学数据平台调查研究[J].图书情报工作,2015,59(18):24-29,50.

③ Schema教程[EB/OL].[2016-7-6].http://www.w3school.com.cn/schema/index.asp.

④ 刘飞,黎建辉,阎保平.XML Schema在科学数据库元数据互操作中的应用[J].计算机应用研究,2005, 22(5):199-201.

⑤ TCP/IP协议[EB/OL].[2016-8-22].http://bai 刘飞,黎建辉,阎保平.XML Schema在科学数据库元数据互操作中的应用[J].计算机应用研究,2005, 22(5):199-201ke.so.com/doc/2883582-3043043.html.

⑥ 开放系统互连参考模型[EB/OL].[2016-8-22].http://baike.so.com/doc/5242527-5475561.html.

据链路层、网络层、传输层、会话层、表示层、应用层)中的应用层协议,更易实现①。

王芳和王小丽探讨了基于OAI-PMH协议的档案元数据互操作框架的结构和功能。档案元数据互操作框架包括数据提供者、服务提供者和注册服务器三部分。档案元数据互操作系统的体系结构包括档案数据提供者模块、档案元数据服务提供者模块、基于OAI协议的应用模块、注册服务器模块。OAI-PMH支持的通用元数据是DC,探讨了档案元数据EAD与DC之间的映射②。

④元数据扩展。《核心元数据》设计了元数据应用方案的流程,包括10个步骤:分析元数据需求,并全面检查科学数据库核心元数据的元数据模块和元素(步骤1)、定义新的元数据模块(步骤2)、定义新的元数据复合元素(步骤3)、定义新的元数据元素(步骤4)、限制模块/元素的可选性(步骤5)、创建新的代码表(步骤6)、定义新的代码表元素(步骤7)、缩小元素的值域(步骤8)、去除某些可选元素(步骤9)、记录对核心元数据所做的扩展(步骤10)③。

⑤转接板及复用相结合。胡良霖等结合中国科学院科学数据库核心元数据(Scientific Database Core Metadata,SDBCM),将实现OAI的元数据互操作的转接板方案应用到核心元数据标准体系内外的元数据互操作中。给出了支持核心元数据标准系统"体系内类OAI、体系外OAI"的元数据互操作模型,模型支持SDBCM系统内外元数据标准的自由互操作。在科学数据库标准体系内,建立SDBCM和DC之间的映射关系,转接板即为封装的科学数据库核心元数据和都柏林核心(DC)。在科学数据库标准体系内,使用类OAI元数据互操作方法,选用SDBCM作为中心元数据标准,其他的扩展标准和应用方案在核心元数据的基础上进行制定。体系外使用的是OAI的元数据互操作模型,即将DC作为中心元数据,其他的元数据分别与DC建立映射关系④。

3)关于地球科学领域元数据互操作的研究

关于地球科学领域元数据互操作的研究主要涉及元数据互操作的综合技术、资源描述框架(RDF)、基于扩展的OAI-PMH元数据互操作协议、元数据扩展及扩展原则、方法和步骤。

王卷乐等分5个方面分析了元数据互操作技术,包括核心元数据互操作、语义层的互操作(元数据映射)、RDF技术框架、基于协议层的互操作(使用Z39.50协议)和Web Service互操作。把协议层的互操作和Web Service相结合,用于提升元数据互操作的普适性。以地球科学领域(以下简称地学)数据元数据查询服务的实现为例,详细分析了基于ZING标准的元数据互操作细节⑤。

---

① 张海涛,郑小惠,张成昱.数字图书馆的互操作性研究:Z39.50和OAI协议的比较[J].现代图书情报技术,2003(2):13-15.

② 王芳,王小丽.基于OAI协议的数字档案馆元数据互操作问题研究[J].现代图书情报技术,2007(3):18-24.

③ 数据集核心元数据标准[EB/OL].[2015-07-14].http://www.nsdc.cn/upload/110526/1105261308547770.pdf.

④ 胡良霖,黎建辉,王闰强,等.科学数据库元数据互操作的类OAI模型[C]// 科学数据库与信息技术学术讨论会.2004.

⑤ 王卷乐,游松财,孙九林.地学数据共享网络中的元数据扩展和互操作技术[J].兰州大学学报,2006,42(5):22-26.

资源描述框架(RDF)是在万维网联盟(W3C)领导下开发用于元数据互操作性的标准,RDF是在结构层面实现元数据之间的互操作。王卷乐和王琳基于RDF,利用RDF/XML语法规范实现了地学多学科元数据的表达和交换;构建了地学数据Web共享的基本框架,分为3个层次,即应用服务层、资源描述层和数据资源层。资源描述层是基于RDF/XML标准的一个中间层①。

毛海霞提出了基于扩展的OAI-PMH元数据互操作协议在空间元数据互操作应用的思想,设计了基于OAI-PMH协议的元数据互操作研究的技术框架,并对协议的内容和功能进行了扩展,扩展的内容包括OAI-PMH协议支持的元数据标准(如FGDC、ISO/TC 211、中国可持续发展信息共享元数据标准草案等)、OAI-PMH协议中的元素(扩展修改OAI-PMH协议中的"条目""记录""集合"的概念)、OAI-PMH协议的命令动词②。

元数据扩展是在核心元数据建立的基础上,根据专业领域的特征,制定适合专业领域的元数据标准。王卷乐等构建了通用的地学元数据的框架,包括核心元数据、模式元数据和应用领域专用元数据三个层次。结合国家科学数据网建设规范草案,定义了地学元数据的核心元数据标准。模式元数据相当于地学领域某个学科主题下的核心元数据,应用领域专用元数据标准是依据其所属的学科模式进行扩展,一个模式元数据可以有多个应用领域专业元数据标准,而一个应用领域专业元数据标准只能从属于一种模式元数据③。

《地理信息　元数据》(GB/T 19710—2005)中说明了核心元数据组成部分、全集元数据专用标准与国家、地区、特定领域或组织专用标准之间的关系。全集元数据包括核心元数据组成部分,领域专用标准包括核心元数据组成部分,不包括全集元数据的所有组成部分,可在全集元数据外根据领域的特征做进一步扩展,如图0-1所示④。

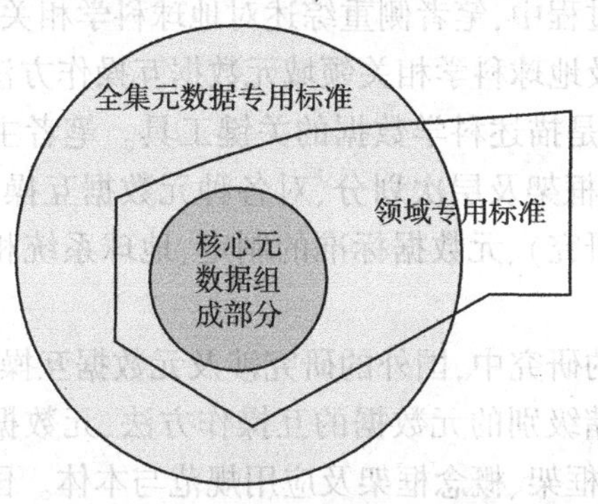

图0-1　领域元数据专用标准

王卷乐等认为在地学数据共享中应用到的实际的元数据方案都是基于核心元数据和全

① 王卷乐,王琳.RDF/XML在地学数据Web共享中的应用研究[J].地理信息世界,2005(6):8-11.

② 毛海霞.基于OAI-PMH的空间元数据互操作理论研究与实现[D].武汉:武汉大学,2004,1.

③ 王卷乐,游松财,谢传节.地学数据共享中的元数据标准结构分析与设计[J].地理与地理信息科学,2005,21(1):16-18,37.

④ 国家基础地理信息中心等.地理信息　元数据:GB/T 19710—2005[S].北京:中国标准出版社,2005.

集元数据两个层次产生的元数据专用标准①。

元数据扩展的原则为:①包括核心元数据元素中的最小公共元素集。②新增模块/元素与核心元数据中的模块/元素不存在语义重复。新增元素不可用于替换核心元数据中标准中现有元素的名称、定义、数据类型,应将扩展元素合理组织到核心元数据结构中去。③允许新定义的复合元素包含新增元素和已有元素;允许对已有模块/元素施以更严格的可选性限制,即可以在应用方案中将核心标准中的某一可选模块/元素设定为必选元素。但模块/元素在应用方案中的可选性不能比其在核心标准中更宽松;允许根据需要,削减掉某些可选元素;允许将已有元素的值域进行更严格的限制或缩小已有元素的值域;允许对已有代码表进行扩充②。

元数据扩展的方法为包含、复用、增加、修改、删除。包含,指扩展的元数据标准必须包含核心元数据标准中的最小公共集;复用,直接集成核心元数据已有的模块/复合元素/数据元素;增加,新增模块/复合元素/数据元素;修改,更严格地限制元素的值域或代码表;删除,裁剪掉原有的可选元素。每个操作方法都需要遵守元数据扩展的原则③。

《地理信息　元数据》(GB /T 19710—2005)(以下简写为"地理信息元数据")中元数据扩展包括9个步骤:现有元数据元素分析(步骤1)、定义新元数据子集(步骤2)、定义新元数据代码表(步骤3)、定义新元数据代码表元素(步骤4)、定义新元数据元素(步骤5)、定义新元数据实体(步骤6)、定义更严格的元数据约束/条件(步骤7)、定义限制更严的元数据代码表(步骤8)、元数据扩展文档(步骤9)④。

0.2.3 研究述评

在调研国内外文献的过程中,笔者侧重综述对地球科学相关领域元数据标准的研究、元数据互操作方法的研究以及地球科学相关领域元数据互操作方法的研究。无论是国外还是国内的研究,均同意元数据是描述科学数据的关键工具。笔者主要对元数据互操作的方法(包括元数据互操作方法的框架及层次划分、对各种元数据互操作方法的探讨、对具体的元数据互操作方法进行深入研究)、元数据标准的制定、地球系统相关领域元数据互操作的方案三个方面进行研究。

在元数据互操作方法的研究中,国外的研究涉及元数据互操作方法的框架及层次划分、综合讨论的模式、记录、仓储级别的元数据的互操作方法、元数据互操作技术的调查、映射、元数据注册框架、资源描述框架、概念框架及应用规范与本体。国内的研究涉及对元数据互操作框架及层次的划分、元数据互操作的调查、各种元数据互操作方法的探讨及对某种方案的深入研究。

(1)在元数据互操作方法的框架及层次划分方面,国外学者将元数据的互操作方法分为模式级、记录级、仓储级;国内学者也有相似的划分,如从元数据表、元数据记录、元数据仓储

① 王卷乐,游松财,谢传节.地学数据共享中的元数据标准结构分析与设计[J].地理与地理信息科学,2005,21(1):16-18,37.

② 诸云强,孙九林,廖顺宝,等.地球系统科学数据共享研究与实践[J].地球信息科学学报,2010(1):1-8.

③ 崔丽美.地球系统科学数据共享网元数据的扩展和管理研究[D].西安:西北大学,2005:34-35.

④ 国家基础地理信息中心等.GB /T 19710—2005 地理信息　元数据[S].北京:中国标准出版社,2005.

三个层面实现元数据的互操作,其中笔者认为“元数据表”与“模式级”为相似的概念。另外有学者将元数据互操作框架划分为七个层面(数据内容、编码规则、元素语义、元素结构、标记格式、交换格式、通信协议),有的划分为三个层面(语义、语法和结构)或加上协议层面在内的三个层面(语义、结构和语法、协议),还有学者按照元数据之间的相容、相交、相等和互斥关系,将元数据互操作方式分为映射、融合、叠加、复用四种类型。

(2)在各种元数据互操作方法的探讨方面,国外学者认为在模式级别的互操作方法有衍生、应用规范、映射、转接板、框架、元数据注册、基于本体的集成;在记录级别中,方法为元数据记录的转换和数据复用与集成。在仓储级别中,方法有基于OAI协议的元数据仓储、跨库检索中基于值的映射、基于值的共现映射、聚合(aggregation)和丰富记录。国内学者提出元数据互操作的主要实现方法包括采用统一的元数据标准、元数据映射、元数据复用、RDF/XML解决方案、建立资源描述框架、元数据开放搜寻(OAI、Z39.50检索协议)等。国内学者采用较多的是从语义、语法、结构、协议这些层面来探讨元数据的互操作方式。在语义层面的方式为元数据衍化、应用方案、元数据映射、通过中心元数据格式进行转换、元数据标准框架、元数据登记系统等;在语法层面的方式主要为XML;在结构层面的方式主要为RDF;在协议层面的典型代表是Z39.50和OAI协议。由以上对国内外元数据互操作方法的综合探讨可知,国内外学者均提到的元数据互操作方式主要有衍生、应用规范、映射、通过中心元数据格式进行转换、元数据注册等。

(3)在对具体的元数据互操作方法进行深入研究方面,在笔者调研的文献当中,国外学者提到的具体的元数据互操作方法有映射、元数据注册框架、资源描述框架、概念框架及应用规范与本体。国内学者研究中的具体的元数据互操作方法涉及映射、XML Schema、资源描述框架、Z39.50和OAI协议、元数据扩展、转接板及复用相结合。可见,国内外学者均深入研究了映射和资源描述框架这两种元数据互操作方式。

此外,在元数据标准的制定和研究方面,笔者调研到国内学者关于元数据标准的制定和研究,主要针对地球科学领域的核心元数据,为地球系统科学数据共享平台的建立和运行奠定基础。

在地球科学元数据互操作方法的研究方面,国外以映射为主,并建立了一些地理信息元数据标准之间以及与其他常用元数据标准之间的映射;国内提到的互操作方式有核心元数据互操作、语义层的互操作(元数据映射)、RDF技术框架、基于协议层的互操作(使用Z39.50协议)、Web Service互操作、把协议层的互操作和Web Service相结合、基于扩展的OAI-PMH元数据互操作协议、元数据扩展。国内的地球系统科学数据共享平台就是采用的核心元数据及在核心元数据的基础上进一步扩展的模式实现平台资源的聚合。

在对国内外相关文献进行阅读并研究的基础上,结合科学数据作为信息资源的重要性不断被认可,笔者计划借鉴国内外元数据互操作的理论和实践,将其应用于科学数据领域,从而探讨科学数据的元数据互操作,为实现科学数据的共享和利用奠定基础。笔者依据科学数据重复利用价值高、应用范围广泛,并结合自身兴趣,选取地球科学领域为特定研究领域,搜集此领域的相关元数据作为研究对象,参考元数据互操作方法,按照语义、语法、结构、协议层面的划分,认为语义层面是最基本、最核心的层面,因此计划选择元数据互操作的语义层面进行互操作研究,对在语义层面实现的具体互操作方法进行深入研究,期待未来将元数据的互操作应用于科学数据资源，从而实现科学数据更好的共享和利用。

0.3 研究目的、内容、方法

0.3.1 研究目的

本书的研究目的是探讨不同科学数据元数据标准之间的互操作方法，并选择地球科学领域验证方案的可行性。具体来讲，先研究国内外元数据互操作的方法，并搜集地球系统科学领域已有的元数据标准，对比地球科学科学数据相关领域元数据标准之间，及与常用元数据标准的异同点，结合其特点，将互操作方法应用于此领域，通过元数据之间的互操作，实现科学数据资源的共享，也可以为其他领域的元数据互操作方法及资源共享提供借鉴。

0.3.2 研究内容

本研究拟通过对国内外地球科学领域的科学数据相关元数据标准进行搜集，以及对现有的元数据互操作方法进行调查，在完成以上工作的基础上，探讨相关概念及其理论基础，并对元数据互操作方法的必要性和可行性进行分析，接下来参考已有研究划分元数据互操作的框架及层次，从语义、语法和结构、协议层面分别探讨元数据的互操作原理，以及对具体互操作方法的适用性进行分析，再选取国内外地球科学领域的几种有代表性的元数据标准，使用两两映射、中间格式的映射、基于 RDF 的映射、基于概念框架的方法实现元数据之间的互操作，再联系实际情况，选择地球科学相关领域的科学数据平台使用的元数据标准，使用本体，实现地球科学数据元数据的互操作。本书的研究框架与思路如图 0-2 所示。

本书首先通过文献调研，了解现有国内外元数据互操作的方法和地球科学领域科学数据相关的元数据标准，阐述了相关概念和理论基础，并对元数据互操作的必要性和可行性进行分析。

其次，本书参考已有的对元数据互操作框架及层次的划分，从语义、语法和结构、协议三大方面，对每个方面的元数据互操作方法的原理及适用性进行分析。

在最后的实证部分，本书探讨了科学数据元数据互操作方法的选取，选取地球科学数据核心元数据[包括 ISO 19115-1:2014、澳大利亚新西兰土地信息局元素、地理信息元数据、国家基础地理信息系统(NFGIS)元数据标准草案(初稿)、NREDIS 信息共享元数据内容标准草案]，对元素的语义及特点进行分析，并选择两两映射和中间格式映射的方法实现核心元数据的互操作，之后选取地球科学全集元数据(如目录交换格式)，选择基于 RDF 的元数据映射实现 DC 与目录交换格式的互操作，选择 CSDGM 和地理信息元数据，基于概念框架实现元数据之间的互操作，最后从科学数据平台入手，调研平台使用的元数据标准，基于本体实现元数据之间的互操作。

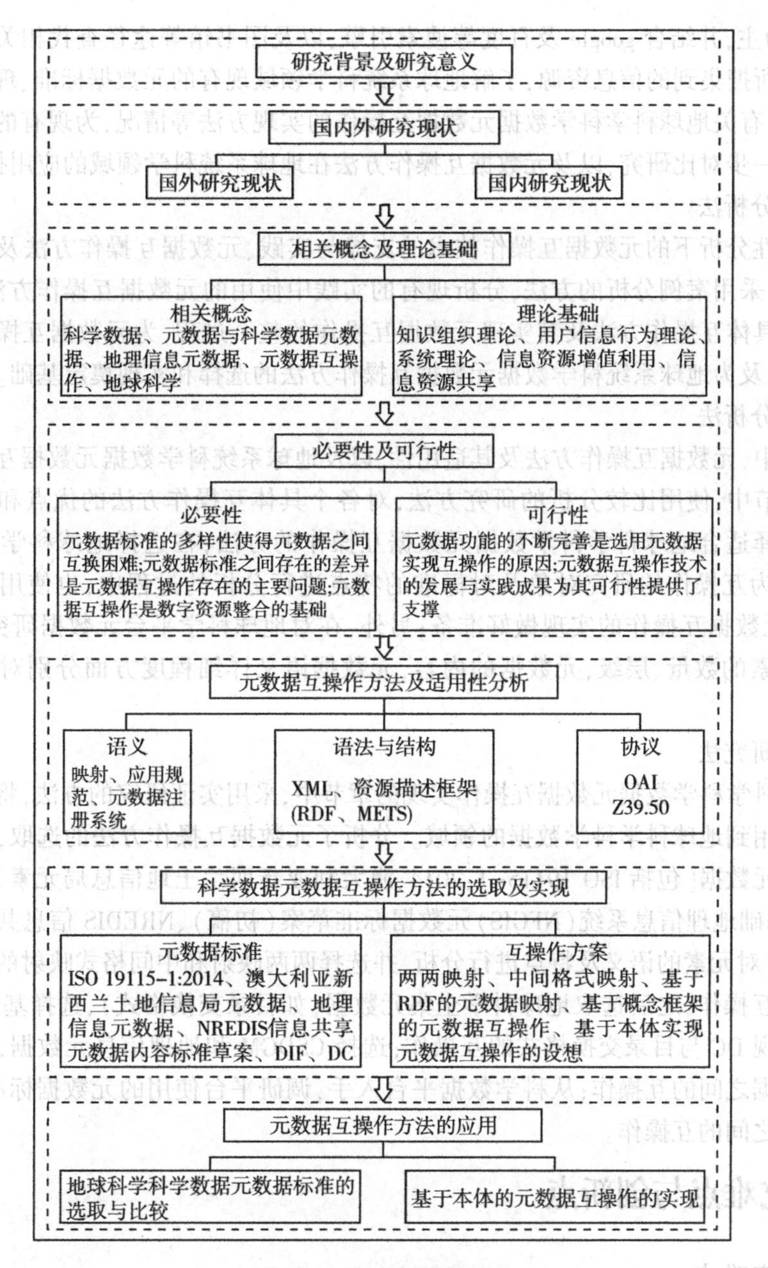

图0-2　研究框架与思路

0.3.3　研究方法

本书采用的研究方法有文献调研法、案例分析法、比较分析法和实证研究法,具体如下。

1)文献调研法

为了了解元数据互操作的方法及科学数据元数据标准(本书针对地球科学领域)的研究及发布情况,本书以国内外数据库检索渠道(国外的 Elsevier ScienceDirect、Emerald 期刊和丛书、Springer 电子期刊及电子图书、Web of Science 核心合集等;国内的中国知网、万方数据、维普数据)为主,并结合 google 及百度等搜索引擎,以及图书馆等途径查找相关信息。通过阅读及研究所搜集到的信息资源,了解地球系统科学领域现有的元数据标准、现有的元数据互操作方法、有关地球科学科学数据元数据互操作的实现方法等情况,为现有的元数据互操作方法的进一步对比研究,以及元数据互操作方法在地球系统科学领域的应用打好基础。

2)案例分析法

在可行性分析下的元数据互操作技术的支撑与实践、元数据互操作方法及其适用性的相关章节中,采用案例分析的方法,分析现有的实践中使用的元数据互操作方法的例子,了解其采用的具体互操作方法及其实现元数据互操作的整个过程,为元数据互操作方法的适用性分析,以及为地球系统科学数据元数据互操作方法的选择和实现奠定基础。

3)比较分析法

在本书中,元数据互操作方法及其适用性,以及地球系统科学数据元数据互操作方法实现的相关章节中,使用比较分析的研究方法,对各个具体互操作方法的优点和缺点进行分析、比较,选择适合地球科学科学数据元数据互操作的方法;在选择地球科学科学数据元数据标准作为互操作的研究对象及对标准的特点进行分析的过程中,也使用到对比分析的方法,为元数据互操作的实现做好准备;另外,在对地球科学平台元数据研究的过程中,从元数据元素的数量、层级,元数据的内容,元数据语义详细程度方面分别对各种元数据进行比较。

4)实证研究法

在地球科学科学数据元数据互操作实现的章节中,采用实证研究的方法,将元数据互操作的方法应用到地球科学科学数据的领域。分析了元数据互操作方法的选取,选取地球科学数据核心元数据[包括 ISO 19115-1:2014、澳大利亚新西兰土地信息局元素、地理信息元数据、国家基础地理信息系统(NFGIS)元数据标准草案(初稿)、NREDIS 信息共享元数据内容标准草案]对元素的语义及特点进行分析,并选择两两映射和中间格式映射的方法实现核心元数据的互操作,之后选取地球科学全集元数据(如目录交换格式),选择基于 RDF 的元数据映射实现 DC 与目录交换格式的互操作;选择 CSDGM 和地理信息元数据,基于概念框架实现元数据之间的互操作;从科学数据平台入手,调研平台使用的元数据标准,基于本体实现元数据之间的互操作。

0.4 研究难点与创新点

0.4.1 研究难点

1)对地球科学科学数据元数据标准的获取及互操作方法的选取

在本书研究的最后部分,计划选取地球科学领域的元数据进行实证研究。搜集地球科学数据领域的元数据标准是本研究的关键步骤之一,如何全面地获取已制定的、完整的、最新版本的此领域元数据标准,是本研究需要搜集的重要资料,也是本书的研究难点之一。

搜集已有的元数据互操作方法是本书研究的重点内容之一,在选择用于科学数据领域的元数据互操作方法之前,需要对现有的互操作方法的实现原理、优缺点、适用性进行分析,并将具体方法划分到元数据互操作相应的框架中。在比较各种元数据互操作方法的基础上,如何根据地球科学科学数据的特点,选择适合地球科学领域元数据互操作的方法,是本书研究的难点之一。

2)元数据互操作的实现过程

在元数据互操作的实现过程当中,需要对元数据元素的语义非常明确,才能建立精确的关系。在一些元数据标准中,某些元素的语义并不是非常的明确。再加上元素语义的明确、对比、对应是个细致复杂的工作,以及笔者对地球科学相关领域的背景知识不够深入了解,会导致元数据元素之间关系的建立可能会出现偏差,因此也属于本书的研究难点之一。

0.4.2 研究创新点

本书的研究创新点主要体现在以下两个方面。

1)将元数据互操作的方法应用到科学数据领域

关于元数据互操作的研究较早,然而科学数据是近年才被广泛重视的,表示科学数据的元数据也多种多样,通过实现科学数据元数据的互操作来实现科学数据的共享,是值得研究的课题。本书对元数据互操作的方法进行搜集分析,选择合适的方法,应用到科学数据领域元数据的互操作研究当中。笔者以地球科学相关领域为例,元数据互操作方法在此领域的应用可以为其他领域科学数据的元数据互操作提供借鉴。

2)基于本体实现地球科学相关领域科学数据元数据的互操作

选取地球科学相关领域科学数据的元数据标准为研究对象,笔者选择两两映射、基于中间格式的映射、基于 RDF 的方法,以及基于概念框架实现这些元数据之间的互操作,在相互比较这些方法的基础上,笔者提出使用本体来实现科学数据元数据之间的互操作,对各种元数据标准的元数据元素进行分类,建立元数据元素之间多样的关系,通过使用本体软件便于元数据元素关系的建立,并以网状的可视化形式展示出来。

第 1 章　相关概念及理论基础

1.1　相关概念

与本书研究相关的术语有科学数据、元数据、科学数据元数据、地理信息元数据、元数据互操作、地球科学。

1.1.1　科学数据

随着计算机和网络技术的发展，基于社会事业和生产发展需求及科技活动中产生的科学数据能够大量地存储、收集，经过组织的科学数据能被用户更方便地浏览、检索和利用，为用户查找资料、解决问题、继续科研提供了支撑作用，科学数据成为重要的信息资源，引起各个领域的重视。关于科学数据，笔者搜集到以下的定义：①世界经济合作与发展组织（OECD）在《从公共资金中获取研究数据的原则和指南》中指出，研究数据被定义为作为科学研究主要来源的事实记录（包括数值分数、文本记录、图像和声音），通常被科学界用来验证研究发现，不包括实验室笔记本、初步分析和科学论文草稿、未来研究计划、同行评审等①。②国际科技数据委员会（CODATA）在《CODATA 战略规划 2013—2018》中指出，科学数据包括来自观察、实验、调查、模拟、模型和高阶组件的数据实体，以及描述和解释数据所需的相关文档②。③《中华人民共和国科学数据共享条例》（专家建议稿）立法释义所指的科学数据为国家财政性资金资助的科技活动产生的原始观测、探测、试验、实验、调查、考察、遥感、统计、研究数据，以及相关的元数据和按照某种需求系统加工的数据等科学数据，并将科学数据分为三类。第一类是原始观测、探测、试验、实验、调查、考察、遥感、统计、研究数据等具体的科学数据；第二类是与上述具体数据相关的元数据；第三类是在具体科学数据以及相关元数据基础之上按照某种需求系统加工的数据③。④Tenopir C 在对受访科学家调查的过程中，受访者在他们的研究中使用的数据类型包括实验数据、观察数据、数据模型、非生物调查和生物调查、遥感非生物、遥感生物、社会科学调查、采访等④。⑤科学数据资源是科技活动

---

① OECD Principles and Guidelines for Access to Research Data from Public Funding[EB/OL].[2017-1-5]. http://www.oecd.org/science/sci-tech/38500813.pdf.

② CODATA Strategic Plan 2013-2018[EB/OL].[2016-12-28].http://www.codata.org/uploads/CODATA_Strategic_Plan-2013-2018-FINAL.pdf.

③《中华人民共和国科学数据共享条例》（专家建议稿）立法释义[EB/OL].[2017-1-5].http://www.iolaw.org.cn/showNews.asp? id=22235.

④ Tenopir C, Allard S, Douglass K, et al. Data sharing by scientists: practices and perceptions[J]. Plos One, 2011, 6(6):672-672.

或通过其他方式所获取到的反映客观世界的本质、特征、变化规律等的原始基本数据,以及根据不同科技活动需要,进行系统加工整理的各类数据集,用于支撑科研活动的科学数据的集合[①②]。⑥科学数据是指人类在认识世界、改造世界的科技活动中所产生的原始性基本数据,以及按照不同需求系统加工的数据产品和相关信息。它既包括各部门基于社会发展事业和生产发展需求而开展的大规模观测、探测、调查和试验工作所获得的海量科学数据,也包括国家科技计划实施项目研究和科技工作者长年累月所产生的大量科学数据,具有重要的科学价值、经济价值和社会价值[③]。

也就是说,科学数据的范围极其广泛,既可以是反映客观世界的调研数据,还可以是在具体科研活动中产生的研究数据,还可以指对调研数据或研究数据进行加工的数据产品。科学数据的目的是为验证研究发现,以及在科学数据的基础上进一步做创新研究。科学数据有自己的类型范围,上面学者对科学数据的类型进行了规定,与数据相关的元数据也属于科学数据。本书主要关注的是地球科学相关领域的科学数据。

1.1.2 元数据与科学数据元数据

元数据是指关于数据的数据或关于信息的信息,元数据记录关于数据的关键信息。Yeung 和 Hall 认为元数据是结构化的,是记录关于数据的信息集合,最低程度地揭示数据的内容。元数据包括关于数据但除了数据本身之外的其他信息[④]。美国国家标准学会认为,元数据是描述、解释、定位或使用其他方式,使得信息资源更容易被检索、使用或管理的结构化信息[⑤]。元数据是对信息资源的规范化描述,它是按照一定标准(即元数据标准),从信息资源中抽取出相应的特征,组成的一个特征元素集合。元数据是数据与数据用户之间的桥梁,用于描述数据的内容、覆盖范围、质量、管理方式、数据的所有者、数据的提供方式等信息,元数据是数据发现的有力工具,可以帮助用户定位和理解数据。元数据对我们提供了关于自己或其他人的数据相关问题的答案。可以回答有关"Who""Where""What""How""When""Why"方面的相关问题。具体来讲,"Who"指谁创建了数据,谁来管理数据;"Where"指研究区域,在什么地方可以获取数据;"What"指数据内容是什么,什么元数据被使用;"How"指数据如何被创建,数据怎样被分发;"When"指数据内容的时间段,何时内容被创建;"Why"指数据为什么被创建,为什么有缺失值。元数据定义的范围极其广泛,传统的书目数据、产品目录都属于元数据。如图书馆目录信息,包含了保存在图书馆中图书的简要信息,如:题名、作者名、出版年、出版者、关键词等其他信息,允许用户定位到书架,发现感兴趣的图书[⑥⑦⑧]。描述产品的数据也可以看作是元数据,如面对一瓶水,它的题名——屈臣氏饮用

---

① 数据资源加工指导规范[EB/OL].[2016-5-12].http://www.nsdc.cn/upload/110526/1105261300468620.pdf.

② 科学数据共享概念与术语[EB/OL].[2017-1-9].http://www.doc88.com/p-391360838294.html.

③ 【科技中国】孙九林:在流动和共享中实现科学数据的价值[EB/OL].[2016-8-21].http://www.lreis.ac.cn/sc/news/final.aspx? id=1141.

④ Yeung A K W,Hall G W.Spatial database systems[M].Netherlands,Springer,2007:155-156.

⑤ Understanding metadata[EB/OL].[2017-1-10].http://www.niso.org/publications/press/UnderstandingMetadata.p df.

⑥ 王国复,徐枫,吴增祥.气象元数据标准与信息发布技术研究[J].应用气象学报,2005,16(1):114-121.

⑦ Introduction to metadata:what is metadata? [EB/OL].[2016-12-21].https://www.fgdc.gov/metadata/documents/WhatIsMetaFiles/WhatIsMetadataPDF.

⑧ Litwin L,Rossa M.Geoinformation metadata in INSPIRE and SDI[M].Springer Berlin Heidelberg,2011:1.

水，简短摘要——专业蒸馏制法的饮用水，尺寸——600 mL，生产日期——2016 年 9 月 5 日，保质期——2 年，题名、简短摘要、尺寸、生产日期和保质期即为描述这瓶水的元数据。“元数据”概念的提出起因于对电子资源管理的需要，因特网爆炸式的发展，使得网上的资源数量急剧增加，用户难以在信息的海洋中寻找到自身所需的信息，人们就试图模仿图书馆对图书进行管理的方式，对网页进行编目[①]。元数据早期主要用来描述网络资源，逐步扩展到描述以电子形式存在的信息资源，目前适用于描述各种类型的信息资源。元数据可以被分为三种主要的类型：描述型元数据、结构型元数据和管理型元数据。描述型元数据是为了发现和识别资源，包括的元素有题名、摘要、作者、关键词；结构型元数据指复合对象如何被放置在一起，如何排序页面以形成章节；管理型元数据用于管理资源，如资源是何时和怎样被创建，文件类型和其他技术信息，谁可以获取信息资源。管理型元数据的子集包括权限管理元数据、保存元数据[②]。元数据的作用有描述、定位、搜寻、评价、选择[③]。元数据在数据收集、数据管理、数据使用、数据理解、数据共享、数据归档和存储方面，均具有重要作用[④]。元数据应用的典型代表是 DC，DC 是通用的元数据标准，不局限于某个具体的学科领域。国际上常用的元数据标准有都柏林核心集（dublin core，DC）、艺术作品描述目录（categories for the description of works of art，CDWA）、可视化资源核心类目（core categories for visual resources，VRA）、数字地理空间元数据内容标准、政府信息定位服务、文本编码先导（text encoding initiative，TEI）、编码文档描述（encoded archival description，EAD）等；中文元数据标准有中文元数据方案、中国科学院科学数据库核心元数据标准、基本数字对象描述元数据标准、中文元数据标准框架等[⑤⑥]。除了上述元数据标准，还存在以具体应用为目标的很多元数据。

科学数据资源要比一般的网络资源复杂很多，科学数据元数据指针对科学数据的元数据，即对科学数据资源的规范化描述，按照一定的元数据标准，从科学数据资源中抽取出相应的特征，组成一个特征元素集合。科学数据元数据是查找和发现科学数据的重要工具，用户可以通过查看科学数据元数据的内容，初步认识科学数据，判断是否贴合其需求。科学数据元数据比描述其他类型（如图书、期刊）的资源更加复杂[⑦]。描述科学数据的元数据有《生态科学数据　元数据》（GB/T 20533—2006）[⑧]，《机械　科学数据　第 3 部分：元数据》（GB/T 26499.3—2011）[⑨]，医学领域的 PMC（PubMed Central）元数据，欧洲 PubMed 中心（Europe PubMed Central，Europe PMC）元数据，澳大利亚健康与福利协会（Australian Institute of Health and Welfare，AIHW）元数据、临床试验信息网站（Clinical Trials，CT）元数据，国家人口

---

① 关于元数据的十万个为什么[EB/OL].[2016-10-21].http://wenku.baidu.com/view/f138a6d680eb6294dd886c35.html.

② Understanding metadata[EB/OL].[2017-1-10].http://www.niso.org/publications/press/UnderstandingMetadata.p df.

③ 马费成，宋恩梅.信息管理学基础[M].武汉：武汉大学出版社，2011：201-202.

④ Yeung A K W，Hall G B.Spatial database systems[M].Netherlands，Springer，2007：157-159.

⑤ 毕强，朱亚玲.元数据标准及其互操作研究[J].情报理论与实践，2007，30(5)：666-670.

⑥ 元数据格式汇总[EB/OL].[2016-8-27].http://wenku.baidu.com/view/96ab29956bec0975f465e2ef.html.

⑦ 赵华，周国民，王健，等.科学数据元数据认知价值评价研究[J].情报科学，2016，34(7)：81-85.

⑧ 全国电子业务标准化技术委员会.生态科学数据　元数据：GB/T 20533—2006[S].北京：中国标准出版社，2007.

⑨ 全国自动化系统与集成标准化技术委员会.机械科学数据第 3 部分：元数据：GB/T 26499.3-2011[S].北京：中国标准出版社，2011.

与健康科学数据平台的核心元数据①,国家地球系统科学数据共享平台的元数据,地震科学数据元数据编写指南②,数据集核心元数据标准等。

由以上可知,元数据对于信息资源的描述是非常重要的。科学数据作为信息资源的类型之一,使用元数据描述科学数据,像描述常见的信息资源类型(图书、期刊等)一样,对科学数据的管理和利用都是非常必要的。本书将科学数据的元数据作为研究对象,实现元数据之间的互操作。

1.1.3 地理信息元数据

地理信息元数据指用来描述地理信息的元数据,地理信息元数据可以至少回答以下问题:What? Why? When? Who? How? Where? What 表示信息是什么和指什么;Why 指信息被创建的目的是什么;When 指信息什么时候被生产、出版和更新;Who 指信息是由谁开发的;How 指信息是怎么被生产的,是可利用的吗,如何才能访问到这个信息;Where 指信息是哪个区域。地理元数据可以用于描述地图、地理信息系统(GIS)文件、图像和其他基于位置的数据资源③。在地理信息中使用元数据的益处:便于负责数据集(资源)的组织,对数据集(地理信息资源)进行组织和管理;便于数据的识别和重用;根据当前的需求促进积累的资源的使用,以及当它们将成为历史(档案)材料,也创造它们在将来被使用的机会;更容易记录、发现、查找、评估、获取、访问、整合、分发、使用和归档空间数据资源;帮助用户确定资源中包含的空间数据是否对其有用;能扩展空间数据的用户范围;促进在空间数据基础设施内提供基本服务;帮助消除冗余数据等④⑤。本书主要关注地球科学领域科学数据的元数据标准,目前搜集到的相关元数据标准有数字地理空间元数据内容标准(content standard for digital geospatial metadata,CSDGM)、地理信息元数据(ISO 19115-1:2014)、目录交换格式(directory interchange format,DIF)、地球观测系统信息中心元数据、澳大利亚新西兰土地信息局(Australia New Zealand Land Information Council,ANZLIC)、《地理信息 元数据》(GB/T 19710—2005)、国家基础地理信息系统(NFGIS)元数据标准草案(初稿)、NREDIS 信息共享元数据内容标准草案,以及一些平台使用的元数据。本书计划以这些元数据标准为研究对象,制定它们的元数据互操作方法。

1.1.4 元数据互操作

元数据互操作产生的原因是描述信息资源的元数据标准越来越多,而用户期待统一检索信息资源。元数据互操作是实现各种类型资源统一检索的有效途径。海洋元数据互操作项目认为海洋数据的元数据互操作是指"通过增强的数据发布、发现、文档和可访问性,促进海洋数据的交换、整合和使用"⑥。元数据互操作是两个或更多信息系统以最小信息损失交

① 李翼,吴丹.开放医学科学数据平台调查研究[J].图书情报工作,2015,59(18):24-29,50.

② 地震科学数据元数据编写指南[EB/OL].[2017-2-1].http://data.earthquake.cn/sjgxbz/index.html.

③ GEOSPATIAL METADATA[EB/OL].[2016-12-10].https://www.fgdc.gov/metadata.

④ Litwin L,Rossa M.Geoinformation metadata in INSPIRE and SDI[M].Springer Berlin Heidelberg,2011:4-10.

⑤ Geospatial metadata[EB/OL].[2016-12-22].https://www.fgdc.gov/resources/factsheets/documents/Geospatial Metadata-July2011.pdf.

⑥ Welcome to the marine metadata interoperability project[EB/OL].[2017-1-10].https://marinemetadata.org/ab outmmi/welcome.

换元数据的能力①。元数据互操作是指不同元数据格式间的信息共享、转换和跨系统检索等相关问题,为用户提供一个统一的检索界面,确保系统对用户的一致性服务②。也可以从面向系统和面向用户两个方面来看元数据的互操作定义。在面向系统方面,两个或多个信息系统可以交换元数据并使用交换的元数据而无须对任一系统进行特别的努力;在面向用户的方面,两个或多个信息系统可以交换和使用交换的元数据,并且这一方式对系统的用户来说是满意的③。元数据互操作应遵循的原则有用户便利性原则、实践性原则、规范性原则、损失最小化原则、人工干预原则。用户便利性原则是指为用户提供检索并获取资源的方便,使用户可以在异构资源中更加准确、便利地发现所需的信息资源;实践性原则是指对于元数据互操作问题的研究,要从研究和实践的现状出发,借鉴国外先进经验,结合中华文化特点,借鉴业界多年来的编目实践,从各个方面搜集资料,探讨现在存在的元数据互操作问题;规范性原则是指元数据互操作应该避免主观随意性,遵循合理性、规范性的原则;损失最小化原则是指尽量保持源元数据的信息的完整性,关注其语义的真正内涵,避免出现信息的丢失与错误;人工干预原则是指在已有的通用的映射表、映射规则下,元数据的映射不可能完全由软件完成,在元数据转换过程中需要针对映射规则的具体应用进行调整。本书计划在调研地球科学领域的相关科学数据元数据标准的基础上,包括已经发布的国内外元数据标准和平台采用的元数据,研究不同的元数据之间的互操作,实现使用不同元数据标准描述的科学数据资源之间的统一检索④。

1.1.5 地球科学

地球科学是研究地球系统整体的结构、特征、功能和行为的科学,其目的在于阐明自然和人为驱动力与地球系统变化相互作用的规律和机制,揭露地球系统整体演变的规律和机制;建立地球系统变化趋势的预测理论和方法,以及地球系统变化的调控理论与方法⑤。维基百科对地球科学的定义为"地球科学被认为是行星科学的一个分支,具有更古老的历史。地球科学可以包括地质学,岩石圈以及地球内部的大规模结构以及大气、水圈和生物圈的研究。通常,地球科学家使用地理、物理、化学、生物学、年代学和数学的工具等定量的方法来理解地球系统如何工作和演变。"⑥地球科学研究的四个基本领域是:地质学、气象学、海洋学和天文学。笔者为了在后期调研过程中明确属于地球科学领域的具体研究范围,通过查询中华人民共和国国家质量监督检验检疫总局、中国国家标准化管理委员于 2009 年发布并实施的《学科分类与代码》(GB/T 13745—2009),将地球科学相关领域,包括地球学科的一、二、三级学科罗列出来,便于后期研究参考,如图 1-1 所示⑦。

---

① Metadata interoperability-what is it, and why is it important? [EB/OL].[2017-1-10].https://marinemetadata.org/guides/mdataintro/mdatainteroperability.

② 宋琳琳,李海涛.大型文献数字化项目元数据互操作调查与启示[J].中国图书馆学报,2012,38(5):27-38.

③ Metadata Interoperability[EB/OL].[2016-12-27].http://www.txla.org/sites/tla/files/conference/handouts/413MetadataInteroperability.pdf.

④ 萨蕾.元数据互操作研究[J].情报科学,2014,32(1):36-40.

⑤ 周秀骥.对地球系统科学的几点认识[J].地球科学进展,2004,19(4):513-515.

⑥ Earth science.[EB/OL].[2017-1-10].https://en.wikipedia.org/wiki/Earth_science.

⑦ 学科分类与代码[EB/OL].[2017-1-17].http://xkfl.xhma.com/.

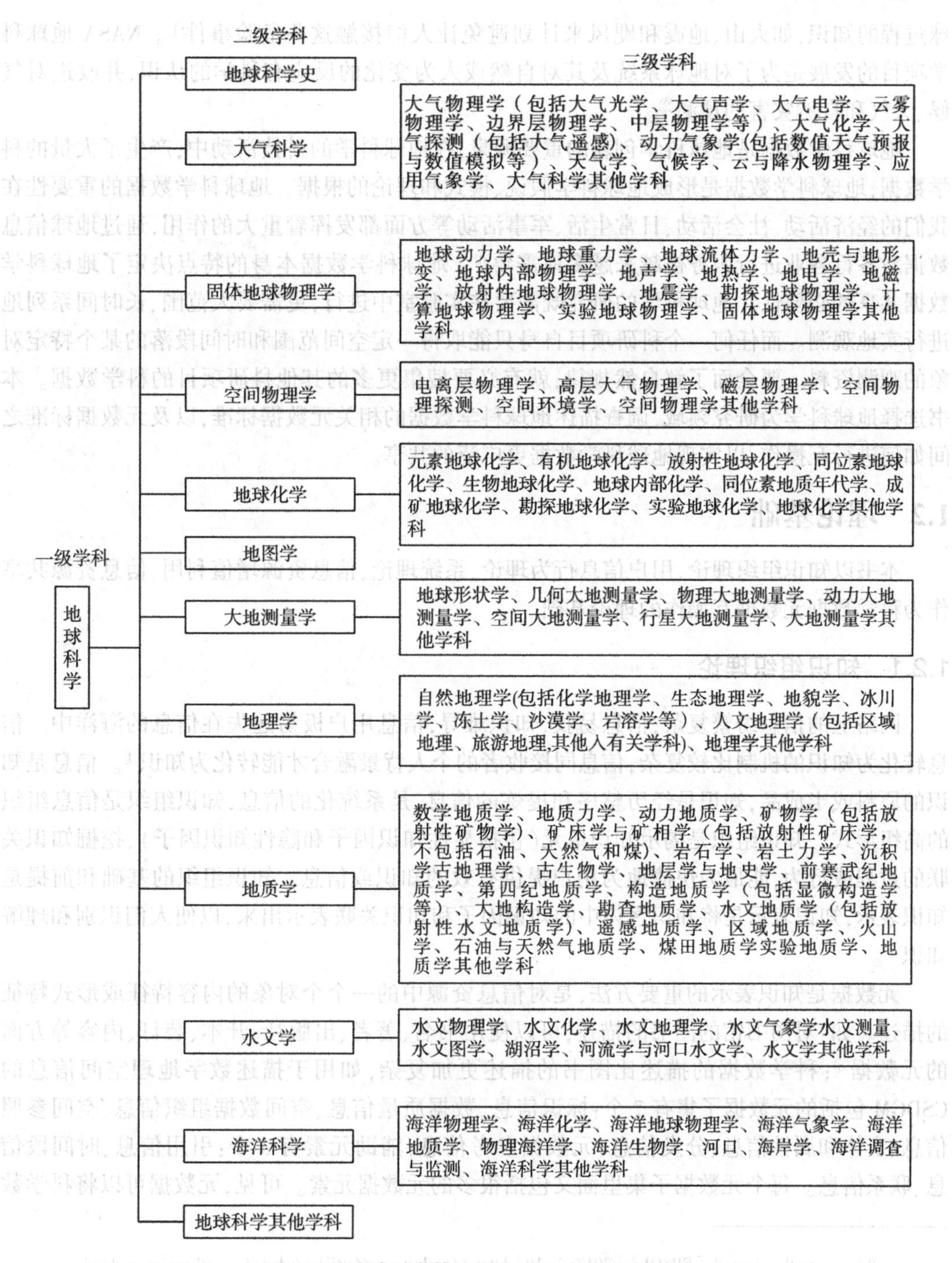

图1-1　地球科学的一级、二级、三级学科划分

地球科学使用广泛，一些地球科学家利用他们对地球的知识来定位和开发能源和矿产资源。其他研究人类活动对地球环境的影响和设计方法来保护地球，一些人使用他们对地球过程的知识,如火山、地震和飓风来计划避免让人们接触这些危险事件[①]。NASA 地球科学项目的发展是为了对地球系统及其对自然或人为变化的反应有科学的认识,并改进对气候、天气和自然灾害的预测[②]。

地球科学数据是地球科学创新的重要源泉,在地球科学的科技活动中,产生了大量的科学数据,地球科学数据是形成地球科学假说、模式和理论的根据。地球科学数据的重要性在我们的经济活动、社会活动、日常生活、军事活动等方面都发挥着重大的作用,通过地球信息数据对各行各业进行服务被越来越多地需要[③]。地球科学数据本身的特点决定了地球科学数据共享的必要性。地球科学的研究既需要在实验室中进行,更需要大范围、长时间系列地进行实地观测。而任何一个科研项目自身只能取得一定空间范围和时间段落的某个特定对象的观测资料。要全面了解自然规律,就有必要搜集更多的其他科研项目的科学数据。本书选择地球科学为研究领域,调查描述地球科学数据的相关元数据标准,以及元数据标准之间如何进行互操作,以实现地球科学数据更广泛的共享。

1.2 理论基础

本书以知识组织理论、用户信息行为理论、系统理论、信息资源增值利用、信息资源共享作为科学数据元数据互操作的理论基础。

1.2.1 知识组织理论

网络上的信息纷繁复杂,信息易找,知识难寻,信息用户极易迷失在信息的海洋中。信息转化为知识的机制比较复杂,信息同接收者的个人背景融合才能转化为知识[④]。信息是知识的原料或半成品,知识是经历整序和提炼的信息,是系统化的信息,知识组织是信息组织的高级形式。知识组织是揭示知识单元(包括显性知识因子和隐性知识因子)、挖掘知识关联的过程或行为,能最为快捷地为用户提供有效的知识或信息。知识组织的基础和前提是知识表示,知识表示是将知识客体中的知识因子和知识关联表示出来,以便人们识别和理解知识[⑤]。

元数据是知识表示的重要方法,是对信息资源中的一个个对象的内容特征或形式特征的描述。如:对图书馆的图书的描述,可以使用书名、著者、出版社、开本、装订、内容等方面的元数据[⑥];科学数据的描述比图书的描述更加复杂,如用于描述数字地理空间信息的 CSDGM 包括的元数据子集有 7 个:标识信息、数据质量信息、空间数据组织信息、空间参照信息、实体和属性信息、分发信息、元数据参考信息;辅助元素有 3 个:引用信息、时间段信息、联系信息。每个元数据子集里面又包括很多的元数据元素。可见,元数据可以将科学数

① What is earth science? [EB/OL].[2017-1-10].http://geology.com/articles/what-is-earth-science.shtml.

② NASA earth science[EB/OL].[2017-1-10].https://science.nasa.gov/earth-science/.

③ 孙枢.地球数据是地球科学创新的重要源泉-从地球科学谈科学数据共享[J].中国基础科学, 2003, 18(1):334-337.

④ 马费成,宋恩梅.信息管理学基础[M].武汉:武汉大学出版社, 2011:11.

⑤ 马费成,宋恩梅.信息管理学基础[M].武汉:武汉大学出版社, 2011:229-230.

⑥ 杨玉麟.信息描述[M].北京:高等教育出版社,2004:336.

据资源的特征详细地揭示出来,使用元数据描述科学数据资源是对科学数据资源进行知识组织的前提。

1.2.2 用户信息行为理论

信息和信息服务的可获得性以及信息资源和信息系统的易用性是决定情报用户是否利用某种服务的最重要因素①。从信息用户的角度来看,用户总是希望信息检索系统越便于使用越好,用户的行为符合"省力法则",用户希望通过统一检索就能获取更多所需的信息资源,节省检索时间和精力成本。在科学数据平台信息检索中,科学数据平台将不同的科学数据资源集成在一起,由于各种类型的数据资源可能是使用不同的元数据格式描述的,若要实现统一检索,各种元数据格式需要实现互操作。因此,元数据互操作方法的研究和实现能进一步满足信息用户便捷使用科学数据资源的条件。

1.2.3 系统理论

系统方法,就是把对象放在系统形式中加以考察的一种方法。具体来讲,就是从系统的观点出发,始终着重从整体与部分(要素)之间,在整体与外部环境的相互联系、相互作用、相互制约的关系中综合地、精确地考察对象,以达到最佳的处理问题的一种方法②。系统的原则包括整体性原则、联系性原则、有序性原则、动态性原则。整体性原则,因为系统在整体上的性质和功能不等于其组成部分孤立状态时性质和功能的叠加,整体性原则是为了充分发挥信息资源系统功能的方法作用,使大系统的功能之和大于子系统的功能之和;联系性原则,要求我们在考察任何对象时,要从整体出发,重视系统要素之间的各种联系,从各种联系中综合考察事物,从而从整体上正确解释事物的性质和发展规律;有序性原则,是指组成系统的各要素之间相互联系和制约的关系是有规律、有序的;动态性原则,指系统是一个"活"的机体,在要素之间、要素和系统之间、系统与环境之间都存在着物质、能量、信息的流动,系统的平衡和稳定是一种动态的平衡和稳定③。系统理论是支持信息资源建设的重要理论,科学数据也属于信息资源,因此系统理论也可作为科学数据资源的建设的支撑。元数据也属于数据资源,在对科学数据元数据进行互操作时,需要考虑到系统原则中的整体性原则、联系性原则、有序性原则、动态性原则。整体性原则指应该整体了解科学数据平台中的各种元数据,研究其异同点,从整体角度出发选择元数据互操作方法;联系性原则指各种元数据标准中的元数据元素是可以建立关系的,不是各自为政、相互独立的;有序性原则指元数据对科学数据资源的描述使得原本无序的资源可以按照一定的共同特征的元数据元素表示出来,透过元数据互操作方法使异构的科学数据资源更加便捷有序地被检索出来;动态性原则指若科学数据平台增加了新的元数据,需要对元数据的互操作方法进行检查和更新,使新的科学数据资源能够被呈现出来。

---

① 马费成,宋恩梅.信息管理学基础[M].武汉:武汉大学出版社, 2011:314.

② 张卓民,康荣平.系统方法[M].沈阳:辽宁人民出版社,1985:28.

③ 肖希明.信息资源建设[M].武汉:武汉大学出版社,2008:35-41.

1.2.4 信息资源增值利用

政府、科研机构和高校等长期积累了大量的信息资源，其中以政府行政机关为主体的公共部门是最重要的信息生产者、使用者和发布者。这些信息资源具有重要的经济价值和社会价值。公共部门信息（public sector information，PSI）构成了广泛行业应用中的各种产品和服务的"原材料"，其是重要的经济资产。如地理、交通、商业、气象等政府公共信息可以加工成具有巨大附加值的信息产品；地理信息对汽车导航之类的无线应用十分关键，如结合多种类型的公共信息部门开发出基于位置服务的创新产品，气象信息对旅游业的发展很重要；空间地理信息通常用于采矿、林业、农业、渔业、能源、航海、交通运输、灾难管理、环境评估等行业。在社会价值方面，如增加社会就业率，增加政府的运作透明度，提高全社会的信息能力等。也就是说，信息资源除了提供最初收集时的目的，被用于"初始利用"外，还可以被加工成各种信息产品供公众使用。信息的增值开发和利用将极大地刺激信息产业和信息市场的发展，实现信息价值的增值。

信息资源的分散、异构，妨碍了信息资源的开发利用。信息集成是信息增值利用的必然之路。整合分散、异构、不同时间点、不同介质的资源，保证增值利用的顺利实施和规模效益的产生。科学数据是重要的信息资源，科学数据的集成有助于在原有科学数据基础上继续研究和创新，减少了再次收集科学数据的成本，减少了科学数据资源建设方面的重复和浪费。元数据可以对科学数据进行描述，便于用户使用。描述科学数据的元数据多样，通过元数据互操作，能将以不同元数据格式描述的科学数据资源集成起来，便于用户检索利用，为科学数据资源的增值利用提供前提条件。

1.2.5 信息资源共享

信息资源共享分狭义的信息资源共享和广义的信息资源共享。狭义的信息资源共享是指人类活动中经过加工处理有序化并大量积累起来的有用信息的集合；广义的信息资源共享是指人类社会信息活动中积累起来的信息、信息生产者、信息技术等信息活动要素的集合。信息资源共享可以使更多的用户以低成本获取及使用信息资源，避免了信息资源的重复建设，减少了资金浪费，也有助于合理规划信息资源建设。信息资源共享源于18世纪在欧美各国出现的以会员的经费维持、资源在会员之间共享的读书会。早期的信息资源共享主要针对文献，指"一定范围内的文献情报机构共同纳入一个有组织的网络之中，各文献情报机构之间按着互惠互利、互补余缺的原则，进行协调和共享文献信息资源的活动"。最早的共享形式是图书馆之间的馆际合作。随着现代技术应用于文献信息资源建设后，出现了数据库、网络站点等信息形式，文献共享扩展到信息资源共享。

科学数据是重要的信息资源，其共享有助于用户理解科研过程，在现有科学数据的基础上进一步创新，对研究证伪，避免科学数据的重复建设。科学数据的揭示需要使用元数据，因为数据类型、学科等多样，描述科学数据的元数据标准不尽相同，为了科学数据被方便检索利用，本书研究科学数据元数据之间的互操作问题，推动科学数据的共享。

第 2 章 科学数据元数据互操作的必要性及可行性分析

地球科学科学数据元数据互操作的必要性是指为什么要开展此项研究,开展此项研究的迫切性;可行性是指在开展此项研究的整个过程当中,能够支持研究进展下去的条件。

2.1 必要性分析

地球科学领域涵盖的学科范围广泛,包含 12 个二级学科,分别为地球科学史、大气科学、固体地球物理学、空间物理学、地球化学、地图学、大地测量学、地理学、地质学、水文学、海洋科学、地球科学其他学科①。并且,地球科学的科学数据来源广泛,有观测数据、探测数据、调查数据、试验数据等,除此之外,由于建设机构不同等原因,使得在描述数据时,不能使用一种元数据描述所有的科学数据,然而相关学科的元数据不是没有联系的、完全独立的,因此可以建立元数据之间的关联,通过元数据互操作将科学数据资源整合起来,实现资源的统一检索和利用。地球科学领域元数据互操作的必要性在于:①元数据标准的多样性使得元数据之间互换困难;②元数据标准之间存在的差异是元数据互操作存在的主要问题;③元数据互操作是数字资源整合的基础。

2.1.1 元数据标准的多样性使得元数据之间互换困难

由于科学数据资源机构、资源所属学科、资源类型、资源使用目的等方面的不同,因此用于描述资源的元数据标准也多种多样。元数据标准的多样性使得元数据之间互换困难。在调研的过程当中,笔者发现描述科学数据的元数据标准很多,有《生态科学数据 元数据》(GB/T 20533—2006)②,《机械 科学数据 第 3 部分:元数据》(GB/T 26499.3—2011)③,《土壤科学数据元数据》国家标准(征求意见稿)④,医学领域 PMC、Europe PMC、AIHW、CT、国家人口与健康科学数据平台的核心元数据⑤,国家地球系统科学数据共享平台的元数据,地震科学数据元数据编写指南⑥,数据集核心元数据标准等。

本书选择地球科学数据相关领域作为数据互操作的实证对象。选择此领域的原因:一

---

① 全国信息分类与编码标准化技术委员会.学科分类与代码:GB/T 13745—2009[S].北京:中国标准出版社,2009.

② 全国电子业务标准化技术委员会.生态科学数据元数据:GB/T 20533—2006[S].北京:中国标准出版社,2016.

③ 全国自动化系统与集成标准化技术委员会.机械 科学数据 第 3 部分:元数据:GB/T 26499.3—2011[S].北京:中国标准出版社,2011.

④ 土壤科学数据元数据[EB/OL].[2017-1-17].http://vdb3.soil.csdb.cn/resources/myfiles/土壤科学数据元数据.pdf.

⑤ 李翼,吴丹.开放医学科学数据平台调查研究[J].图书情报工作,2015,59(18):24-29,50.

⑥ 地震科学数据元数据编写指南[EB/OL].[2017-2-1].http://data.earthquake.cn/sjgxbz/index.html.

是因为学科本身的特点,地球科学属于自然科学,自然科学相对社会科学而言,其在长期研究过程当中,积累了大量的科学数据,而且受人的主观因素的影响较小,收集到的数据更加可靠客观,其科学数据可以用来重复科学研究。二是因为笔者对地球科学相对更感兴趣。三是因为在搜集元数据标准的过程当中,发现地球系统科学数据的相关元数据标准比较全面。以地球系统科学数据领域为例,搜集到的元数据标准包括国外的 CSDGM、ISO 19115、目录交换格式、地球观测系统信息中心元数据、澳大利亚新西兰土地信息局元数据、北卡罗来纳州和地方政府的地理空间数据和服务的元数据文档,国内的《地理信息　元数据》(GB/T 19710—2005)、NREDIS 信息共享元数据内容标准草案、国家基础地理信息系统(NFGIS)元数据标准草案(初稿);除了已经制定的元数据标准,一些平台上也有自己使用的元数据,如国家地球科学数据共享平台的元数据和 NC OneMap 等。元数据标准的多样性妨碍了科学数据资源之间的共享和利用,研究各种元数据标准之间如何进行互操作,实现科学数据的统一检索,是需要解决的问题。笔者计划以上文提到的这些元数据标准为元数据互操作的对象,通过对这些标准进行研读,对元数据的元素的含义进行对比分析,选择合适的元数据互操作技术,对搜集到的地球科学系统相关的元数据进行互操作。具体的地球科学科学数据元数据的标准如下:

1)CSDGM

数字地理空间元数据内容标准(CSDGM)第一版是由美国联邦地理数据委员会于 1994 年 6 月 8 日执行通过的,其是用于地理数据的元数据标准。该标准的目的是为数字地理空间数据的文献提供一套通用的术语和定义。该标准旨在支持地理空间元数据的采集和处理,可供各级政府和私营部门使用。该标准的形成基于以下角度:定义预期用户决定地理空间数据可用性的信息;决定地理空间数据集的适用性和预期用途;成功地转换地理空间数据集。因此,标准建立了数据元素和复合元素的名称,用于定义这些数据元素和复合元素,以及元素值的信息。CSDGM 包括的元数据子集有 7 个:①标识信息,指关于数据集的基本信息。②数据质量信息,指数据集质量的一般评估。③空间数据组织信息,用于表示数据集空间信息的机制。④空间参照信息,描述数据集的参考框架,数据集的编码方式,坐标。⑤实体和属性信息,数据集信息内容的细节,包括实体类型、属性,可被分配的属性值的域。⑥分发信息,获取数据集的分发者等信息。⑦元数据参考信息;关于元数据及元数据负责方的信息。辅助元素有 3 个:①引用信息,用于数据集的推荐参考信息。②时间段信息,事件的日期及时间信息。③联系信息,负责数据集的人或组织的联系信息。辅助元素不单独使用①。

2)ISO 19115

ISO 19115 元数据标准于 2003 年完成,由 ISO 技术委员会(Technical Committee)的地理信息/地球信息科学(Geographic information/Geomatics)专业委员会制定,在 2010 年被联邦地理数据委员会(Federal Geographic Data Committee,GFDC)认可②。ISO 19115:2003 的状态为撤销状态③,已经被修订为 ISO 19115-1:2014,即 Geographic information—Metadata—Part

① FGDC-STD-001-1998,Content standard for digital geospatial metadata[S].

② ISO geospatial metadata standards.[EB/OL].[2016-6-28].http://www.fgdc.gov/metadata/iso-standards.

③ ISO 19115:2003 Geographic information—metadata[EB/OL].[2016-7-24].http://www.iso.org/iso/home/store/catalogue_ics/catalogue_detail_ics.htm? csnumber=26020.

1:Fundamentals。ISO 19115-1:2014 适用于各类信息资源、信息交流中心活动的编目,以及数据集和服务的完整描述。其定义了必选的和一定条件下可选的元数据部分、实体和元素;服务大多数元数据应用(数据发现、数据适用性、数据获取、数字数据及服务的使用)所需的最小元数据集合;更广泛的资源描述标准的可选元数据元素;特定需要下扩展元数据的方法。虽然 ISO19115-1:2014 适用于数字数据和服务,其原理可扩展到许多其他类型的资源,例如地图、图表和文本书件,以及非地理数据。某些特定条件的元数据元素可能不适用于其他形式的数据①。本标准有 13 个元数据包:元数据信息(metadata information)、标识信息(identification information)、约束信息(constraint information)、数据志信息(lineage information)、内容信息(content information)、分发信息(distribution information)、参考系统信息(reference system information)、空间表示信息(spatial representation information)、数据分类参考信息(portrayal catalogue information)、元数据应用程序信息(metadata application information)、应用模式信息(application schema information)、元数据扩展信息(metadata extension information)、服务元数据信息(service metadata information)。另外的四个元数据包,如引用信息、负责方信息、语言字符本地化信息(language-characterset localisation information)和扩展信息(extent information)是和其他的包一起使用。用于发现地理资源的元数据元素有元数据参考信息、资源题名(resource title)、资源参考日期(resource reference date)、资源标识符(resource identifier)、资源联系点(resource point of contact)、地理位置(geographic location)、资源语言(resource language)、资源主题类别(resource topic category)、空间分辨率(spatial resolution)、资源类型(resource type)、资源摘要(resource abstract)、数据集扩展信息[extent information for the dataset (additional)]、资源数据志(resource lineage)、资源在线链接(resource on-line link)、关键词(keywords)、资源访问和使用约束(constraints on resource access and use)、元数据创建日期(metadata date stamp)、元数据联系点(metadata point of contact)②。

3)目录交换格式

目录交换格式(directory interchange format,DIF),是在 1987 年 2 月 24 日—26 日举行的关于目录互操作性(catalog interoperability,CI)主题的地球科学与应用数据系统(earth science and applications data systems workshop,ESADS)研讨会上产生的③。

DIF 是由美国航空航天局(NASA)所制定的地理资料著录格式。搜集到的最新的 DIF 标准为 2008 年 9 月由 Lola Olsen 和 Chrissy Chiddo 制定的④。DIF 共包含 36 个项目,只有 8 个是必须著录项。依照 2 种不同的角度,元素的分类情况如下:①依元数据元素是否必须存在,分为必须著录项、强烈推荐项、推荐项三种;②依可否重复,分为可重复项、不可重复项两

---

① ISO19115-1:2014 Geographic information—metadata—part 1:fundamentals[EB/OL].[2016-7-24].http://www.i so.org/iso/home/store/catalogue_tc/catalogue_detail.htm? csnumber=53798.

② ISO19115-1:2014 Geographic information—metadata—part 1:fundamentals[S].

③ What is a DIF.[EB/OL].[2016-6-28].http://gcmd.nasa.gov/add/difguide/whatisadif.html.

④ Directory interchange format (DIF) Standard[EB/OL].[2016-8-1].https://earthdata.nasa.gov/files/ESDS-RFC-012v1.pdf.

种。36 个元数据元素的具体情况如表 2-1 所示①。

表 2-1　DIF 的元数据元素

元数据元素	必须/强烈推荐/推荐	可否重复
<Entry_ID>(元数据记录唯一标识符)	必须	不可重复
<Entry_Title>(题名)	必须	不可重复
<Parameters>(测量参数)	必须	可重复
<ISO_Topic_Category>(ISO 主题分类)	必须	可重复
<Data Center>(数据中心)	必须	可重复
<Summary>(概要)	必须	不可重复
<Metadata_Name>(元数据名称)	必须	不可重复
<Metadata_Version>(元数据版本)	必须	不可重复
<Data_Set_Citation>(数据集引用)	强烈推荐	可重复
<Personnel>(联系人员)	强烈推荐	可重复
<Sensor_Name>(收集资料的设备名称)	强烈推荐	可重复
<Source_Name>(平台名称/来源处名称)	强烈推荐	可重复
<Temporal_Coverage>(时间覆盖范围)	强烈推荐	可重复
<Paleo_Temporal_Coverage>(古时间覆盖范围)	强烈推荐	可重复
<Spatial_Coverage>(空间覆盖范围)	强烈推荐	可重复
<Location>(地理位置)	强烈推荐	可重复
<Data_Resolution>(资料解析度)	强烈推荐	可重复
<Project>(项目)	强烈推荐	可重复
<Quality>(质量)	强烈推荐	不可重复
<Access_Constraints>(访问限制)	强烈推荐	不可重复
<Use_Constraints>(使用限制)	强烈推荐	不可重复
<Distribution>(分发)	强烈推荐	可重复
<Data_Set_Language>(数据集语言)	强烈推荐	可重复
<Data_Set_Progress>(数据集进度)	强烈推荐	不可重复
<Related_URL>(相关 URL)	强烈推荐	可重复
<DIF_Revision_History>(DIF 修订历史)	推荐	不可重复
<Keyword>(关键词)	推荐	可重复
元数据元素	必须/强烈推荐/推荐	可否重复
<Originating_Center>(数据生成中心)	推荐	不重复

① Directory interchange format (DIF) writer's guide[EB/OL].[2016-8-1].http://gcmd.gsfc.nasa.gov/add/difgui de/index.html.

续表 2-1

<Multimedia_Sample>(多媒体部分参考信息)	推荐	可重复
<Reference>(参考书目)	推荐	可重复
<Parent_DIF>(父元数据记录)	推荐	可重复
<IDN_Node>(内部目录名称节点)	推荐	可重复
<DIF_Creation_Date>(DIF 创建日期)	推荐	不可重复
<Last_DIF_Revision_Date>(DIF 最后修订日期)	推荐	不可重复
<Future_DIF_Revision_Date>(DIF 未来预定审核日期)	推荐	可重复
<Private>(隐私)	推荐	不可重复

4)地球观测系统信息中心元数据

NASA 的地球观测系统信息中心(Earth Observing System Clearinghouse,ECHO)是空间和时间元数据注册处,能使科学界更易于使用和交换 NASA 的数据和服务,ECHO 的主要目标是使地球观测系统信息中心的数据被广泛使用,允许用户更有效地搜索和获取数据和服务,增加其与新的工具和服务互操作的潜力。ECHO 存储来自各种科学学科和领域的元数据,包括气候变率和变化、碳循环和生态系统、地球表面和内部、大气成分、天气、水和能源循环。NASA 的地球科学数据已经被证明在理解地球作为一个整合系统方面非常有用①。ECHO 元数据标准于 2010 年 1 月成为 NASA 地球科学数据系统支持的推荐性标准②。ECHO 系统有三种元数据结构,分别为数据集(collection)、粒度(granule)、浏览(browse)。元数据的元素包括必要元素和推荐元素。必要元素指为了通过基本的 XML Schema 验证,必须存在的元数据的元素;推荐元素的使用便于用户检索和使用数据。三种元数据结构的必要元素和推荐元素如表 2-2 和表 2-3 所示③。

表 2-2　ECHO 元数据的必要元素

数据集	简称(short name)、版本 ID(version ID)、插入时间(insert time)、最后更新(last update)、长名称(long name)、数据集 ID(data setId)、描述(description)、可订阅(orderable)、可见(oisible)
粒度	粒度统一参考(granule UR)、插入时间(insert time)、最后更新日期(last update)、集合(collection)、可订购(orderable)
浏览	供应商浏览 ID(provider browse ID)、文件名称(file name)、文件大小(file size)、文件 URL(file URL)

① ECHO data partner's user guide v10.6[EB/OL].[2016-7-29].https://earthdata.nasa.gov/files/ECHO%2010%20Data%20Partner%20User%20Guide%20(version%2010.6).doc.

② ECHO metadata standard[EB/OL].[2016-7-29].https://earthdata.nasa.gov/standards/echo-metadata-standard.

③ ESDS-RFC for ECHO metadata standard[EB/OL].[2016-7-29].https://earthdata.nasa.gov/files/ESDS-RFC-020v1.pdf.

表 2-3 ECHO 元数据的推荐元素

数据集	加工等级 ID(processing level ID)、价格(price)、空间关键词(spatial keywords)、时间关键词(temporal keywords)、时间(temporal)、联系信息(contact)、科学关键词(science keywords)、平台(platform)、仪器(instrument)、传感器(sensor)、活动(campaigns)、二维坐标系统(two DCoordinate system)、在线获取 URL(online access URL)、在线资源(online rrsource)、关联 DIFs(associated DIFs)、空间(spatial)、档案中心(archive center)、附加属性(additional attributes)、相关的浏览图像(associated browse images)
粒度	数据粒度(data grangle)、程序生成可执行文件版本分类(PGE version class)、时间(temporal)、空间(spatial)、测量参数(measured parameters)、平台(platform)、仪器(instrument)、传感器(sensor)、活动(campaigns)、数据格式(data format)、二维坐标系统(two DCoordinate system)、价格(price)、在线访问 URL(online access URL)、在线资源(online resource)、云量(cloud cover)、关联浏览图像(associated browse images)、附加属性(additional attributes)
浏览	插入时间(insert time)、最后更新(last update)

5)澳大利亚新西兰土地信息局元数据

澳大利亚新西兰土地信息局(Australia New Zealand Land Information Council,ANZLIC)元数据由 ANZLIC 空间信息委员会(the Spatial Information Council)出版。ANZLIC 是引领搜集、管理和使用澳大利亚和新西兰空间信息的政府组织。ANZLIC 的作用是为空间数据和服务(通过广泛的公共和私人部门提供)提供方便经济的信息资源检索。ANZLIC 元数据文件应用已经建立的澳大利亚/新西兰国际标准,文件的实施将:①提供数据生产者记录资源特征的适当信息,促进元数据的组织和管理,使用户在了解地理数据基本特征的情况下更有效地运用数据。②便于数据发现,检索和重用:在适当的数字基础设施的上下文中,应用程序将能够定位、评估、获取和处理已经用良好结构化和编码的元数据描述的资源;使用户能够评估资源是否适合其预期目的。③文件能被用于创建元数据的记录,这些记录提供关于数字地理数据的识别、空间和实践范围、质量、应用模式、空间参考体系以及分发信息。④文件被用于编目数据集、交换所的活动、地理或非地理资源的完整描述。文件定义了:必选的和可选的元数据部分、实体,以及元素;元数据元素的最小集合;地理数据集的核心元数据;可选的元数据元素,允许更广泛的资源标准的描述;文件的扩展选项,迎合特殊的需求。ANZLIC 元数据于 2006 年 12 月 5 日初始发行,版本为 1.0,2007 年 8 月 13 日发布版本 1.1。ANZLIC 推荐了核心元数据,核心元数据能够回答下列问题:关于特定主题的数据集存在吗(what)? 有特定的地方吗(where)? 有特定的日期或期限吗(when)? 有得知数据集的更多相关信息或预定信息者的联系方式吗(who)[①]? 表 2-4 为 ANZLIC 核心元数据元素的名称和路径。

① ANZLIC metadata profile[EB/OL].[2016-8-3].http://www.anzlic.gov.au/sites/default/files/files/ANZLIC_Metadata_Profile_v1_1.pdf.

表2-4　ANZLIC核心元数据元素的名称及路径

名称	路径
Metadata file identifier(元数据文件标识符)	MD_Metadata.fileIdentifier
Metadata language(元数据语言)	MD_Metadata.language
Metadata character set(元数据字符集)	MD_Metadata.characterSet
Metadata file parent identifier(元数据文件父标识)	MD_Metadata.parentIdentifier
Metadata point of contact(元数据联系方)	MD_Metadata.contact> CI_ResponsibleParty
Metadata date stamp(元数据日期)	MD_Metadata.dateStamp
Metadata standard name(元数据标准名称)	MD_Metadata.metadataStandardName
Metadata standard version(元数据标准版本)	MD_Metadata.metadataStandardVersion
Dataset title(数据集题名)	MD_Metadata.identificationInfo > MD_DataIdentification.citation> CI_Citation.title
Dataset reference date(数据集参考日期)	MD_Metadata.identificationInfo > MD_DataIdentification.citation> CI_Citation.date
Abstract describing the data(描述数据的摘要)	MD_Metadata.identificationInfo > MD_DataIdentification.abstract
Dataset responsible party(数据集责任方)	MD_Metadata.identificationInfo > MD_DataIdentification.pointOfContact > CI_ResponsibleParty
Spatial representation type(空间表示类型)	MD_Metadata.identificationInfo > MD_DataIdentification.spatialRepresentationType
Spatial resolution of the dataset (数据集空间分辨率)	MD_Metadata.identificationInfo > MD_DataIdentification.spatialResolution > MD _ Resolution. distanceorMD _ Resolution. equiva- lentScale
Dataset language(数据集语言)	MD_Metadata.identificationInfo > MD_DataIdentification.language
Dataset character set(数据集字符集)	MD_Metadata.identificationInfo > MD_DataIdentification.characterSet
Dataset topic category(数据集主题分类)	MD_Metadata.identificationInfo > MD_DataIdentification.topicCategory

续表 2-4

名称	路径
Geographic location of the dataset (by four coordinates or by description) 数据集地理位置(通过四个坐标或通过描述)	MD_Metadata.identificationInfo > MD_DataIdentification.extent> EX_Extent > EX _ GeographicBoundingBoxorEX _ GeographicDescrip-tion
Temporal extent information for the dataset(数据集的时间范围信息)	MD_Metadata.identificationInfo > MD_DataIdentification.extent > EX_Extent.temporalElement
Vertical extent information for the dataset(数据集的垂直范围信息)	MD_Metadata.identificationInfo > MD_DataIdentification.extent > EX_Extent.verticalElement> EX_VerticalExtent
Lineage(系谱)	MD_Metadata.dataQualityInfo > DQ_DataQuality.lineage > LI_Lineage
Reference system(参考系统)	MD_Metadata.referenceSystemInfo > MD_ReferenceSystem.referenceSystemIdentifier > RS_Identifier
Distribution Format(分发格式)	MD_Metadata.distributionInfo> MD_Distribution > MD_Format
On-line resource(在线资源)	MD_Metadata.distributionInfo> MD_Distribution > MD_DigitalTransferOption.onLine > CI_OnlineResource

6)北卡罗来纳州和地方政府的地理空间数据和服务的元数据文档

北卡罗来纳州和地方政府的地理空间数据和服务的元数据文档(North Carolina State and Local Government Metadata Profile for Geospatial Data and Services),由一个由代表市政、县、州和联邦组织的元数据和地理信息系统专业人员组成的特设委员会编制,是基于 ISO 19115 系列标准制定的,作为北卡罗来纳国家机构和地方政府兼容地理空间元数据的当前的推荐标准。地理空间元数据通常用于记录地理空间数据集,但也可用于记录地理空间资源,包括地图应用、数据模型和基于网络的服务。元数据记录包括核心的图书馆目录元素,如标题、摘要和发布日期；地理要素，如空间范围和投影；数据库元素，如属性标签定义和属性域值。元数据元素表列出和定义了由NC元数据社区根据需要标识的强制的和可选的（推荐的）元数据元素，有效发现和应用地理空间的数据资源。北卡罗来纳州和地方政府的地理空间数据和服务的元数据文档必选和可选的元素如表2-5所示[①]。

表2-5　北卡罗来纳州和地方政府的地理空间数据和服务的元数据元素

元素类型	元素
必选的元素	题名（title）、出版日期（publication date）、数据类型（date type）、责任方组织名称（responsible party organization name）、在线链接（online linkage）、摘要（abstract）、状态（status）、维护和更新频率（maintenance and update frequency）、主题关键词（theme keywords）、使用约束（use constraints）、主题分类（topic category）、地理范围：边界框（geographic extent:bounding box）、数据内容的时间范围（temporal extent of data content）、功能目录（实体和属性）[feature catalogue（entities and attributes）]、过程描述（process description）、空间参考信息（spatial reference information）、元数据创建日期（metadata creation date）、元数据联系名称（metadata contact name）、元数据联系人角色代码（metadata contact role code）
可选的元素	目的（purpose）、当前参照（currentness reference）、浏览图形文件名（缩略图）[browse graphic filename（thumbnail）]、浏览图形文件描述（browse graphic file description）、浏览图形文件类型（browse graphic file type）、主题关键字叙词（theme keyword thesaurus）、地方关键词（place keyword）、地方关键词叙词表（place keyword thesaurus）、访问限制（access constraints）、逻辑一致性报告（logical consistency report）、完整性（completeness）、处理日期（process date）、元数据联系地址（类型、城市、州、邮政编码）、元数据联系电话（metadata contact telephone）、元数据标准名称（metadata standard name）、元数据标准版本（metadata standard version）

7）《地理信息　元数据》（GB/T 19710—2005）

《地理信息　元数据》（GB /T 19710—2005）是由全国地理信息标准化技术委员提出，由国家基础地理信息中心等单位起草的。其是基于国际标准化组织地理信息标准化技术委员会（ISO/TC 211）制定的ISO 19115:2003《地理信息　元数据》修改而成的。

此标准的目的是提供描述数字地理数据特征的结构，定义描述数字地理数据所需要的元数据，为描述地理信息及其服务提供了依据。其定义了通用地理信息元数据，并对全集和核心元数据进行规定，核心元数据元素是相对于全集元数据而言的，在描述数据集时，通常只使用基本的最少数量的元数据元素。全集元数据子集包括标识、限制、数据质量、维护、空间表示、参照系、内容、图示表达类目、分发、元数据扩展、应用模式方面的信息，共11个元数据子集。还包括2个元数据数据类型，为覆盖范围信息、引用和负责单位信息。核心元数据可以回答下列问题：特定专题的数据集存在吗（what）？覆盖特定的地区（where）？特定的日期或时段（when）？了解更多情况或订购数据集者的联系方式（who）？核心元数据的元素包括数据集的名称（M）、引用日期（M）、负责单位（O）、地理位置（C）、采用的语种（M）、采用的

① North carolina state and local government metadata profile for geospatial data and services[S].

字符集(C)、专题分类(M)、空间分辨率(O)、摘要说明(M)、分发格式(O)、数据集覆盖范围补充信息(O)、空间表示类型(O)、参照系(O)、数据志(O)、在线资源(O)、元数据文件标识符(O)、元数据标准名称(O)、元数据标准版本(O)、元数据采用的语种(C)、元数据采用的字符集(C)、元数据联系方式(M)、元数据创建日期(M)。"M"表示该元素是必选的,"O"表示该元素是可选的,"C"表示特定条件下该元素是必选的①。

8)国家基础地理信息系统(NFGIS)元数据标准草案(初稿)

本标准由国家基础地理信息中心提出和维护。提供国家基础地理信息系统元数据的内容,包括 NFGIS 数据的表示、内容、质量、状况及其他有关特征,可用于对 NFGIS 数据集的全面描述、数据集编码及信息交换网络服务。NFGIS 元数据分为三个层次:子集、实体、元素。元数据的性质分为必选、可选、一定条件下必选三种。元数据分为基本元数据和完全元数据两级。完全元数据子集包括 8 个主要子集,不能重复使用,以及 3 个次要子集,可以重复使用。可重复的子集由各个子集调用,不单独使用。完全元数据内容包括数据基本方面、数据质量、数据志、空间数据表示、参照系统、要素分类、数据发行、元数据参考、引用、负责单位、地址方面的信息②。基本元数据提供地理数据源基本书档所需要的最少的元数据元素集。本标准基本元数据的元素有 70 个,其元素名称如表 2-6 所示。

表 2-6 国家基础地理信息系统(NFGIS)的基本元数据元素名称

数据集中文全称	地址	分辨率	发行格式
数据集中文简称	邮政编码	数据集语言	发行介质
数据集英文全称	网址	数据集内容信息	数据量
数据集英文简称	电子邮件地址	摘要	网上发行地址
版本	电话号码	目的	浏览图网址
系列名	传真号码	进展	定价
出版系列标识	数据范围	专题名称	元数据参考信息
出版日期	地理坐标	关键词	元数据数据级别
数据所属项目标识信息	西部边界坐标	限制信息	元数据负责单位
项目名称	东部边界坐标	访问信息	元数据作者
项目类型	北部边界坐标	使用限制	政区
负责单位信息	南部边界坐标	数据志说明	城市
负责单位名	地理区域名称	质量说明	地址
负责人姓名	时间范围	数据表示类型	邮政编码
负责单位作用	时间范围类型	数据项	电话
国别	时间 1	空间参照系统类型	
政区	时间 2	发行信息	
城市	比例尺	发行单位名称	

① 国家基础地理信息中心等.地理信息元数据:GB /T 19710—2005[S].北京:中国标准出版社,2005.

② 国家基础地理信息系统(NFGIS)元数据标准草案(初稿)[EB/OL].[2016-6-29].http://www.doc88.com/p-045686607359.html.

9) NREDIS 信息共享元数据内容标准草案

本标准由国家信息中心数据库部提出,为空间数据集提供一套通用的描述元素及规范,为国家国土资源环境与区域经济信息系统的数据共享提供信息支持。它可以用于对数据集的全面描述、编目及网络信息交换。该标准建立了一套用以描述数据集、数据集系列和实体属性的复合元素、元素,这些元素的定义,元素的值域及相互关系的规范。在该标准中,各元素的选择是基于数据集的可用性、数据集的适用性、如何获取该数据集和如何使用该数据集这四个方面来考虑的。元数据的子集包括标识、数据质量、空间数据组织、空间参考、实体和属性、发行、元数据参考方面的信息、引用信息、时间信息、联系信息共 10 个信息模块。为了方便查询、检索,标准规定了查询核心元素,为标题、出版日期、作者、版权所有者、摘要、目的、主题关键词、西部边界坐标、东部边界坐标、北部边界坐标、南部边界坐标、数据集内容的单一日期、开始日期、结束日期、进展、空间数据表示方式、联系、浏览图共 18 个元素①。

除了以上提到元数据标准外,一些平台也制定了相关的元数据标准,如国家地球系统科学数据共享平台、NC OneMap 等。NC OneMap 采用了已经制定的一些标准。NC OneMap 提供北卡罗来纳(North Carolina,NC)的基本的地理空间数据全面发现的公共服务。NC OneMap 是由 NC 地理信息协调委员会(Geographic Information Coordinating Council,GICC)指导的不断发展的标准。NC OneMap 支持美国联邦地理数据委员会制定的数字地理空间元数据内容标准(Content Standard for Digital Geospatial Metadata,CSDGM),根据 ISO 的相关标准,开发了“州和政府的元数据文件”(State and Local Government Metadata Profile),作为政府机构的元数据标准②。

2.1.2　元数据标准之间存在的差异是元数据互操作存在的主要问题

元数据互操作存在的问题,主要来自各个元数据标准之间存在的差异。针对信息资源,元数据需要从一个或多个方面进行描述,加上元数据的出发点不同、角度不同、功能不同、内容的详尽程度不同等原因,元数据相互之间的关系复杂。从集合论的角度看,元数据之间至少存在着相容、相交、相等和互斥四种关系。

①相容关系:设有元数据 A,B。x 表示数字对象,如果用 B 对 x 描述的所有内容也可以用 A 来表示,则 $B \subset A$。也就是说,元数据 A,B 之间存在着相容关系,也说明了一个元数据的内容可以完全用另一个元数据来表达,反之不一定行,例如 MARC 和 DC,MARC 可以完全表达 DC 表达的内容,但如果要将 MARC 的内容用 DC 表达,就会面临信息丢失的问题。②相交关系:设有元数据 A,B。x 表示数字对象,如果用 B 对 x 进行描述的部分内容也可以用 A 来表示,则 A,B 之间存在相交关系,用 $A \cap B$ 表示。两个元数据之间存在相交关系,说明两个元数据之间存在共同点,它们的转换要建立在共同点上。如 MARC 和 MARC AMC 之间,MARC AMC 来源于 MARC,同时加入档案信息的特别要求。因此,两者之间是相交的关系。③相等关系:设有元数据 A,B。x 表示数字对象,B 对 x 描述的所有内容都可以用 A 进行描述,而且 A 对 x 描述的所有内容也可以用 B 进行描述,则 A,B 之间存在相等关系,用 $A=B$ 表

① NREDIS 信息共享元数据内容标准草案[EB/OL].[2016-9-28].http://www.civilcn.com/e/DownSys/DownSoft/?classid=730&id=204060&pathid=0.

② Metadata[EB/OL].[2016-12-23].http://www.nconemap.gov/DiscoverGetData/Metadata.aspx#iso.

示。两个元数据存在相等关系,它们反映的内容是完全相同的,可以进行无损转换。如MARC和MARC XML之间,MARC XML是MARC的XML表达,在设计MARC XML时,就是要完全反映MARC的字段和内容,因此两者之间可以实现无损转换。④互斥关系:设有元数据*A*,*B*。*x*表示数字对象,*B*对*x*描述的所有内容都不能用*A*描述,*A*对*x*描述的内容也不能用*B*描述,则*A*,*B*存在互斥关系,用$A \neq B$表示。两个元数据有互斥的关系,说明反映的信息内容根本不同,不能转换,但是并不意味着两个元数据的内容不能使用,可以从多个方面来表现同一个信息内容①。同样,地球科学科学数据的元数据标准之间也存在着差异,在调研的过程当中,笔者发现,一些元数据标准的制定是参考已有的元数据标准[如《地理信息元数据》(GB/T 19710—2005)是依据国际标准化组织地理信息标准化技术委员会(ISO/TC 211)制定的ISO 19115 2003《地理信息 元数据》修改而成的],元数据标准之间有相同的元素,也有不同的元素,针对这样的情况,研究元数据互操作是必不可少的重要步骤,以实现科学数据平台检索界面的统一检索。

2.1.3 元数据互操作是数字资源整合的基础

不同资源的编码结构和表达方式、数据格式和组织标准、检索软件的区别,给用户利用信息资源带来困难。用户更希望使用统一的检索平台,"一站式"地获取信息资源。因此,信息资源的整合具有重要的意义。"整合"可以理解为由两个或两个以上事物、现象、过程、属性、关系、信息、能量等在符合一定条件、要求的前提下,融合、聚合或重组成一个较大整体的发展过程及其结果。"整合"的实质就在于涵盖了整合后系统内部的功能和各要素之间的关系。"数字资源整合"是根据一定的需要,对独立数字资源系统中的数据对象、功能结构及其互动关系进行融合、类聚和重组,重新结合为新的有机整体,形成效能更好、效率更高的新的数字资源体系。数字化实践发展的需要是数字资源整合的直接动因,在数字资源内容方面:一是内容的交叉重复,使用户需要花很多时间和精力来筛选其所需要的信息,影响了用户对信息高效率的选择和获取;二是内容的质量低下,当数据库以"全"为收录原则时,质量低下的数据资源会进入数据库,影响用户对高质量信息的获取;三是知识之间的关联程度低,知识之间是有关联的,尤其是相关学科,数字资源的孤立存在,体现不出知识之间的关联,影响系统对用户相关知识的推荐,对用户的知识积累不利;四是全文难以获取,在数据库中,会出现不能直接获取全文的现象,以及文献的题录信息与全文之间缺少链接,不便于用户快速获取资源②。

科学数据资源是重要的数字资源,其在特定的目的下收集并产生,有不同的描述方式,存储于不同的数据平台。元数据是描述科学数据的重要方式,为了避免重复建设科学数据资源的浪费,以及充分发挥科学数据资源的价值和增值利用,需要对科学数据资源进行整合。可以使用元数据对科学数据资源进行描述,不同的元数据格式间通过映射等元数据互操作方式建立关联,将分散的资源联系起来,并提供统一的界面,实现科学数据资源的统一检索。可见,科学数据资源的整合便于其广泛地被利用,而元数据互操作是实现科学数据资源整合的重要技术。

---

① 王兰成.知识集成方法与技术:知识组织与知识检索[M].北京:国防工业出版社,2010:93-96.

② 马文峰.数字资源整合研究[J].中国图书馆学报,2002(4):63-66.

2.2　可行性分析

元数据互操作的可行性在于:①元数据功能的不断完善是选用元数据实现互操作的原因;②元数据互操作技术的发展与实践成果提供的支撑。

2.2.1　元数据功能的不断完善是选用元数据实现互操作的原因

信息组织是信息检索的基础,信息组织是将无序的信息组织成为有序集合的过程,在这个过程中,要对信息进行描述、揭示和序化,元数据在信息资源的组织过程中发挥着重要的作用,元数据是描述信息资源或数据本身特征和属性的数据①②。元数据早期主要描述网络资源,逐步扩展到描述电子形式的信息资源数据,目前适合于各种类型的信息资源描述记录。元数据是关于数据的数据,专门用来描述数据的特征和属性,元数据已经从最初作为数据描述和索引的方法扩展成包括数据发现、数据转换、数据管理和数据使用的必不可少的工具和方法之一③。信息描述的目的主要是以元数据为中介,对信息资源进行各种操作。元数据可以揭示科学数据资源的基本内涵,在网络环境下,元数据的功能在不断完善,起到描述、定位、搜寻、评价和选择的作用。元数据的描述作用,指对信息对象的内容、特征、位置等进行描述,为信息对象的存取和利用奠定基础。元数据格式多种多样,使用不同的元数据格式对信息对象进行描述,信息对象的信息被揭示出来的详简和深浅程度也会不同。元数据的定位作用:因为元数据在描述信息对象时会对信息资源的位置信息进行描述,所以在检索时,有利于信息资源的发现和检索。元数据的搜寻作用:指对信息对象中重要内容抽取并加以组织,赋予语义,建立数据之间联系,指出相关数据的地址和存取方法,用户借助查看相关信息资源,可以判断其查找的信息资源是否符合自己的需要。元数据的评价作用:在对信息对象进行描述时,元数据提供了有关信息对象的名称、年代、格式、制作者等,用户可以根据元数据,有助于判断信息的质量。元数据的选择作用:根据元数据对信息对象的描述,用户可以根据实际情况,选择其所需要的信息④。可见,元数据在信息描述、组织,信息的检索、发现方面具有重要的作用。通过元数据可以揭示信息资源对象各个方面的特征,元数据的强大功能决定了元数据互操作具有价值和意义,通过互操作实现的信息资源共享与融合也使元数据的使用价值更大。

2.2.2　元数据互操作技术的发展与实践成果提供的支撑

元数据互操作技术是元数据互操作实现的基础,元数据互操作已有的一些实践可以为笔者在后文中元数据互操作的实现提供支撑作用。在探讨元数据功能的不断完善的基础上,笔者分别从元数据互操作技术的发展与元数据互操作技术的实践成果提供的支撑两个方面,继续分析元数据互操作的可行性。

---

① 司莉.信息组织原理与方法[M].武汉:武汉大学出版社,2011:1-3.

② 申晓娟,高红.从元数据映射出发谈元数据互操作问题[J].国家图书馆学刊,2006,15(4):51-55.

③ 王卷乐,游松财,孙九林.地学数据共享网络中的元数据扩展和互操作技术[J].兰州大学学报,2006,42(5):22-26.

④ 马费成,宋恩梅.信息管理学基础[M].武汉:武汉大学出版社,2011:201-202.

1)元数据互操作技术的发展

现有的元数据互操作技术是实现科学数据元数据互操作的技术支撑,虽然描述科学数据的元数据比描述网络资源和电子资源的元数据更加复杂,但其均为元数据,可以借鉴传统元数据的互操作方法。学者们提到元数据互操作的技术有映射、通过中心元数据格式进行转换、应用规范、元数据注册系统、元数据登记系统、元数据衍化、转换、复用与集成、元数据框架、XML、RDF、XML和RDF的融合、XSLT、协议(OAI与Z39.50)、API、关联数据等。本书将对常用的元数据互操作方法进行分析,在了解各种元数据互操作方法的具体工作原理的基础上,对它们的使用范围进行比较分析,找到适合地球科学领域的科学数据元数据互操作的方法,并进行实证研究,在实际操作的过程中,比较不同元数据互操作方法的效果。

2)元数据互操作实践成果提供的支撑

在元数据互操作的实践当中,有一些元数据互操作的具体实例,这些实例可以对后文中元数据的互操作的实现提供参考作用。笔者搜集了在衍生方法、应用规范、映射、元数据框架、元数据注册系统、元数据扩展等方面的实践。

(1)衍生方法

衍生方法是元数据在语义层面互操作的方法之一,指一种新的元数据模式衍生自已经存在的模式。其中"修改"为衍生方法的具体方法之一。例如:①在与教育和培训相关的应用及项目中,其元数据的元素是在DC的基础上,增加了"听众"(audience)这个元素。②电子博士、硕士学术著作会员数据标准(ETD-MS),这个标准使用了DC元数据15个元素中的13个,加上另外的元素"thesis.degree"(论文学位)。③教育材料门户网站(Gateway to Educational Materials)扩展了DC的元素。这些元素包括:编目(catalogue),基本资源(essential resources),教育学(pedagogy),标准(standards)和期限(duration)。④北京大学图书馆开发的稀有材料描述元数据,使用了DC中的12个元素,加上"版本"(edition)与"物理描述"(physical description)作为两个本地的核心元素,以及用于第三级扩展的"收集历史"(collection history)元素①。

(2)应用规范

应用规范是元数据在语义层面互操作的方法之一,应用规范常常包括来自于一个或多个元数据模式的元素。例如:澳大利亚虚拟图书馆工程(Australasian Virtual Engineering Library,AVEL)的元数据元素集包含19个元素②,这些元素是基于DC元数据标准。其中,14个元素来自于DC、1个元素来自于澳大利亚政府定位服务(Australian Government Locator Service,AGLS)元数据元素、1个元素来自于澳大利亚教育网络(Education Network Australia,EDNA)元数据元素、3个元素来自于管理元数据元素(Administrative metadata elements),详情如表2-7所示。

① Chan L M,Zeng M L.Metadata interoperability and standardization-A study of methodology part I Achieving interoperability at the schema level[J].D-Lib Magazine,2006,12(6).

② AVEL.edu.au sustainability knowledge network[EB/OL].[2015-8-30].http://avel.library.uq.edu.au/technical.html#3.

表 2-7　AVEL 元数据元素集组成部分

元素来源	元素
DC	DC.Identifier、DC.Title 、DC.Creator 、DC.Subject、DC.Description、DC.Publisher、DC.Contributor、DC.Date、DC.Type、DC.Format、DC.Language、DC.Coverage、DC.Relation、DC.Rights
AGLS	AGLS.Availability
EDNA	EdNA.Review
管理元数据元素	AC.Creator、AC.DateCreated、AVEL.Comments

数字音乐中心研究数据管理网站定制了 DSpace 软件①,以满足数字音乐中心的出版需求。采用了应用规范的方法,从 DC 中选取了元数据元素,包括资源标识符(DC.Identifier.uri)、题名(DC.Title)、作者(DC.Contributor.Author)、出版者(DC.Publisher)、出版年(DC.Date.created,其中年份是必选的)、主题(DC.Subject)、描述(DC.Description.abstract)、资源类型(DC.Type)、关联[DC.Relation.(Qualifier)],除此之外,增加了引用格式(DC.Identifier.Citation)要素②。

(3)映射

在 Getty 研究机构中,由 Murtha Baca,Patricia Harpring,Jon Ward 和 Antonio Beecrof 编辑的艺术品描述类目(categories for the description of works of art,CDWA)到 11 种元数据(包括 CCO,CDWA Lite,VRA 4.0 XML,MARC/AACR,MODS,Dublin Core,DACS,EAD,Object ID,CIMI,FDA Guide)的映射③,部分如图 2-1 所示。

CDWA	CCO [1]	CDWA Lite [2]	VRA 4.0 XML	MARC/AACR	MODS	Dublin Core	DACS	EAD[3]
1.0BJECT/ WORK (core)								
1.1. Catalog Level (core)		<cdwalite: recordType>	<Vra: work> 0r <Va: clection>	655 Genre/ Form 300a PhysicalDe-scription-Extent	<gerre> <extent>		1Levels of De-scription	LEVEL attribute
1.2. 0bject/ Work Type (core)	Work Type	<cdwalite: obectWorkType>	< vra: worktype > in <Vra: work >or <Vra: col-lection>	655 Genre Form	<gerre>	Type	3.1 Scope and Content	<controlaccess> <genreform> (in <archdesc>)
1.4. Components/ Parts				300a Physical Description-Extent	<extent>	Format, Extent	2.5 Extent 3.1 Scope and Content	<physdesC> <extent> (in<archdesc>)
1.5. Remarks							5.4 Accruals	
2. CLASSIFICATION (core)								
2.1. Classification Term (core)	Class	<cdwalite: casifcation>		050 084 "Other classification number"	<dassi fication>	Subject (lassication schema)		
3. TITLES OR NAMES (core)								
3.1. Tite Text (core)	Title	<cdwalte:itle>	<Vla: title> in <vra: work> or <Vra: collection>	24Xa Title and Tle Related Informatior	<ttle>	Title	2.3 Title	<titleproper> (in<eadheader>) <unittite> (in<archdesc>)
3.2. Title Type	Tle Type	<cwalte:itle> type	<vra: title type = >in<vra: work>or (vra: ollection>					

图 2-1　以 CDWA 为中间格式的元数据映射

① 洪正国,项英.基于 DSpace 构建高校科学数据管理平台:以蝎物种与毒素数据库为例[J].图书情报工作,2013,57(6):39-42.

② DSpace: metadata schemas and data submission[EB/OL].[2017-1-14].http://rdm.c4dm.eecs.qmul.ac.uk/conte nt/dspace-metadata-schemas-and-data-submission.

③ Metadata standards crosswalk[EB/OL].[2016-12-8].http://www.getty.edu/research/publications/electronic_pub lications/intrometadata/crosswalks.pdf.

(4)元数据框架

地球系统教育数字图书馆(Digital Library for Earth System Education,DLESE)是一个分布式的社区,支持地球系统教育和学习的免费资源,由国家科学基金资助,由教育工作者、学生和科学家组成,提高地球系统对教学和学习的质量、数量和有效性。DLESE 由代表教育界的国家大气研究中心(National Center for Atmospheric Research,NCAR)、计算和信息系统实验室和国家大气研究中心图书馆共同运营。DLESE 支持地球系统科学教育通过:获得高质量的教育资源集合;访问地球数据集和图像,提供帮助学生探索地球数据的工具和界面;支持帮助教育者和学习者有效地创建,使用和共享教育资源的服务;促进地球系统教育的各个层面的相互作用和协作。DLESE 资源包括教师和学习者的电子教材,如课程计划、地图、图像、科学数据、可视化、交互式计算机模型、评估活动、课程、在线课程等,许多资源以集合或相关资源组的形式进行组织,这些资源反映出连贯、集中的主题。元数据框架的功能是为相关社区的不同受众提供一个合适的环境。DLESE 发现系统使用的框架为 ADN(ADEPT/DLESE/NASA),因此亚历山大数字地球原型(Alexandria Digital Earth Prototype,ADEPT)、DLESE 和美国国家航空航天局这三个组织均用 ADN 框架。ADN 框架描述通常在学习环境中(如课堂活动、课程计划、虚拟现场旅行、模块、可视化、一些数据集等)使用的资源。ADN 元数据框架包括管理字段的概述、创建者/编目者概述、教育概述、一般字段概述、地理空间概述、关系字段概述、权限概述、技术领域概述、时间概述。其中每个部分有对应的元数据元素。ADN 的截图如图 2-2 所示。

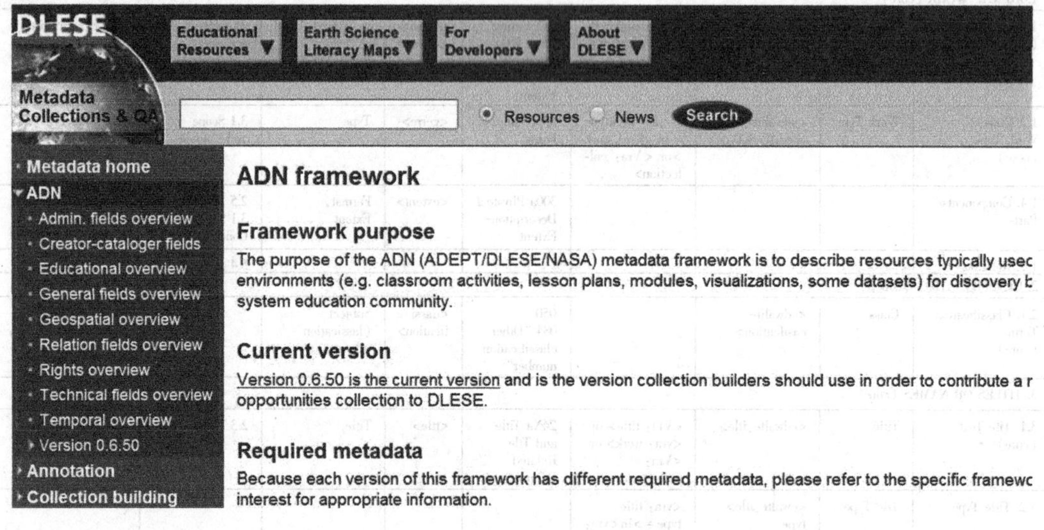

图 2-2 AND 元数据框架

(5)元数据注册系统

元数据注册系统的目的是搜集已有的元数据模式,便于元数据标准的检索和利用,是元数据的互操作的基础。特定领域跨模式注册系统是元数据注册系统的模式之一。以特定领域跨模式注册系统为例:澳大利亚健康和福利研究所(Australian Institute of Health and Welfare)元数据在线注册(metadata online registry,METeOR)系统,是澳大利亚的有关健康、住房和社区服务统计和信息的国家元数据标准知识库,METeOR 由澳大利亚健康和福利研究所开发,METeOR 注册依据的是 2003 年发行的国际元数据注册标准——ISO/IEC 11179,元数据开发商能够在 METeOR 上提交基于 ISO/IEC 11179 标准结构的新的元数据。METeOR 中有两种类型的元数据,分别为元数据项目(metadata items)和导航项目(navigational items)。其中,元数据项目包括 8 个类型:对象类(object classes)、属性(properties)、数据元素概念(data element concepts)、数据元素(data elements)、值域(value domains)、分类法(classification schemes)、数据集规范(data set specifications)、词汇表项目(glossary items)。导航项目包括两种类型:对象类规范(object class specialisations)、属性组(property groups),如图 2-3 所示。

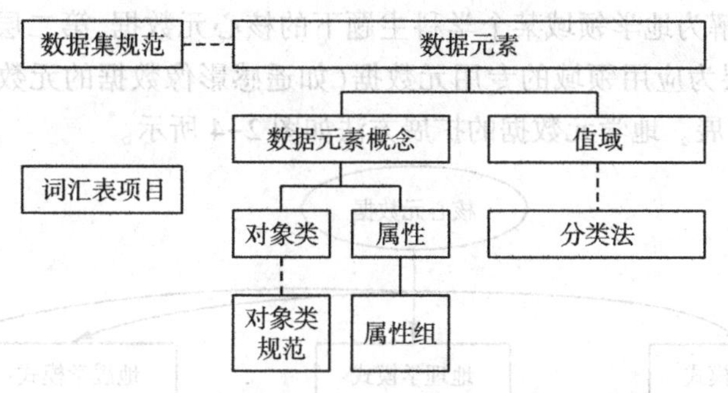

图 2-3　METeOR 的元数据项目和导航项目

通过注册系统所提交的元数据条目,可以链接到相关的其他元数据条目,用户可以点开链接项继续浏览相关条目。在高级检索界面,通过限制元数据条目的类型、注册部门、注册状态、注册状态改变日期等方面进行限制检索。元数据注册系统避免了对资源从头开始描述的浪费,可以参考已经提交的资源及其元数据描述,避免重复建设,并在系统内实现统一检索。

(6)元数据扩展

国家地球系统科学数据共享平台是首批经科技部、财政部认定的 23 家国家科技基础条件平台之一,是科学数据共享领域的 7 家(林业科学数据平台、地球系统科学数据共享平台、人口与健康科学数据共享平台、农业科学数据共享中心、农业科学院农业信息研究所、地震科学数据共享中心、气象科学数据共享中心)之一。平台的总体目标:整合集成分布在国内外数据中心群、高等院校、科研院所及科学家个人产生的数据资源,引进国际数据资源,接收国家重大科研项目产生的数据资源,在此基础上生产加工数据产品。平台以元数据为核心进行数据资源的整合集成,按照"总中心-数据中心-数据资源点"三级架构组织实施,形成了总中心和 15 个数据中心,若干个数据资源点构成的物理上分布、逻辑上统一的一站式数据共享服务网络系统。数据中心按照区域和学科并重的原则进行遴选和动态评估,区域数据中心(8 个)包括青藏高原科学数据中心、新疆与中亚科学数据中心、黄土高原科学数据中心、黄河下游科学数据中心、东北黑土科学数据中心、长江三角洲科学数据中心、南海及邻近海区科学数据中心、极地科学数据中心;学科数据中心(7 个)包括冰川冻土科学数据中心、湖泊-流域科学数据中心、土壤科学数据中心、地球物理科学数据中心、空间科学数据中心、天文科学数据中心、全球变化模拟科学数据中心;数据资源点包括全球卫星遥感参数数据资源点、中国物候观测数据资源点、中国流动人口数据资源点、大气浓度时空分布数据资源点、沼泽湿地数据资源点、西南山地数据资源点、东亚古环境数据资源点、藻种资源数据资源点。本平台的资源内容涉及固体地球、陆地表层、海洋、大气和外层空间5个圈层；数据所涉及的学科及领域有地理、自然资源、灾害与环境、气候变化、地质、地球物理、天文、空间、对地观测、人口与社会经济等。数据中心按照区域与学科并重的原则进行遴选和动态评估。

国家地球系统科学数据共享平台采用的是元数据扩展的方式实现元数据的互操作。元数据框架包括三个层次：核心元数据、模式核心元数据和应用领域专用元数据。第一层面为地学核心元数据（如地理学核心元数据）；第二层面为模式核心元数据（如地理学核心元数据），模式也可以理解为地学领域某个学科主题下的核心元数据，第二层面是在第一层面基础上的扩展；第三层为应用领域的专用元数据（如遥感影像数据的元数据），第三层是在第一、二层基础上的扩展。地学元数据的扩展方法如图2-4所示。

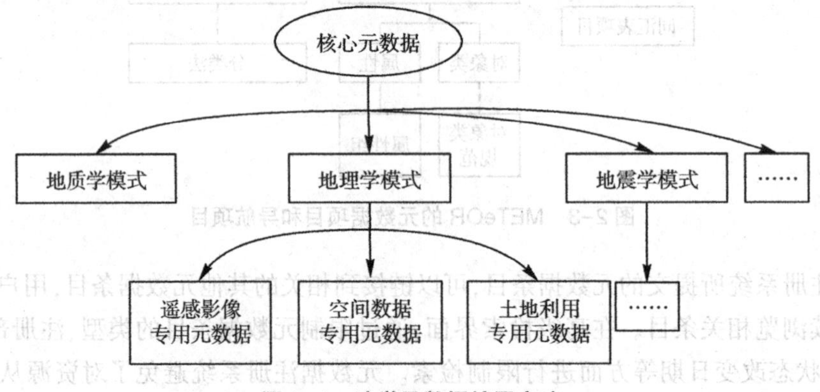

图2-4　地学元数据扩展方法

本章主要分析了科学数据元数据互操作的必要性及可行性，元数据标准的多样性使得元数据之间互换困难、元数据标准之间存在的差异是元数据互操作存在的主要问题、元数据互操作是数字资源整合的基础，这些方面均说明研究元数据互操作具有必要性；元数据互操作技术的发展、元数据互操作实践成果提供的支撑使得元数据互操作具备可行性，其中实践成果支撑方面的内容包括衍生方法、应用规范、映射、元数据框架、元数据注册系统、元数据扩展方面的实践，这些均能为后文中科学数据元数据互操作方法的研究提供借鉴。

第 3 章 元数据互操作方法及其适用性分析

在本章，笔者从元数据互操作方法的框架及层次划分、元数据互操作方法及其适用性分析，以及元数据互操作在科学数据中的应用三个方面进行探讨。

3.1 元数据互操作方法的框架及层次划分

元数据互操作方法的框架和层次的划分是本书探讨元数据互操作方法的依据，框架和层次的划分也能使元数据互操作的方法更具有针对性。

参考其他学者对元数据互操作方法的框架及层次的划分，本书从语义、语法与结构、协议的角度，对元数据互操作方法的框架及层次进行划分，如图 3-1 所示。

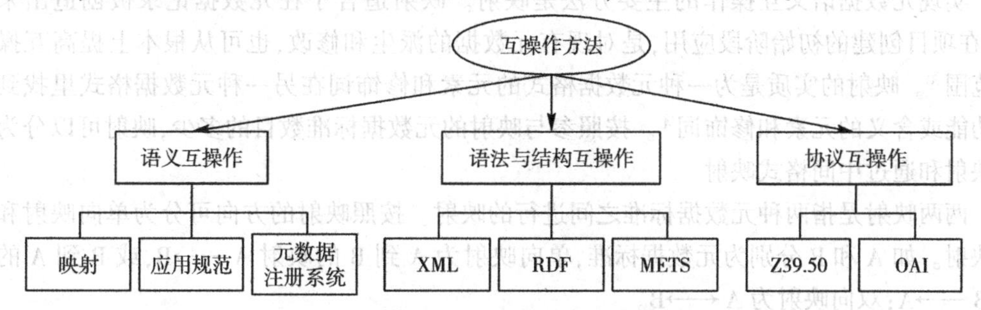

图 3-1 元数据互操作方法的框架及层次划分

语义是元数据互操作的本质，告诉我们如何解释数据，是指元数据本身的意义，一个元数据体系通常要对每一条元数据的元素给予命名和解释；语法是表现形式，告诉我们如何撰写数据，规定了元素怎样以机器可读的方式给予编码；结构是描述框架①②。

需要说明的是，有学者认为采用统一的元数据标准也是实现元数据互操作的方法之一，采用统一的元数据标准指在一个联盟内或一个知识库内使用统一的元数据标准，以获得高度的描述数据的格式一致性。笔者也赞同，采用统一的元数据标准是最根本的解决元数据互操作问题的方法。设想所有的信息资源都是采用一种元数据标准描述的，那么，就很容易实现建立一个有统一界面的信息检索平台，从而实现信息资源的统一检索。然而，当系统采用不同元数据标准的多种类型的数据资源时，或需要与其他系统之间共享采用不同元数据标准的数据资源时，采用统一的元数据标准方法就不可行③。规定采用统一的元数据标准也

① 孔庆杰，宋丹辉.元数据互操作问题技术解决方案研究[J].情报科学，2007，25(5)：754-758.

② Antoniou G，Groth P，Harmelen F V，et al.语义网基础教程[M].北京：机械工业出版社，2014：13.

③ 申晓娟，高红.从元数据映射出发谈元数据互操作问题[J].国家图书馆学刊，2006，15(4)：51-55.

会存在一些缺点,如不利于充分利用众多机构的已有资源和发挥其开发建设的积极性,也不利于为不同领域、不同层次的复杂应用需要提供有效的服务①。因此,笔者未将采用统一的元数据标准这种互操作方法作为本书探究的重点。

3.2 元数据互操作方法及其适用性分析

笔者从语义、语法和结构、协议三个方面对元数据互操作的具体方法及其适用性进行分析。

3.2.1 基于语义的元数据互操作及其适用性分析

语义是指元数据元素本身的意义,元数据语义互操作性问题是想克服资源描述过程中语义方面的障碍,如语义差别、款目与集合差别、多版本问题等②。实现语义层面元数据互操作的方式有映射、应用规范、元数据注册系统。接下来分别对这些方式的内涵及其适用性进行分析。

3.2.1.1 映射

1)内涵

实现元数据语义互操作的主要方法是映射。映射适合于在元数据记录被创造出来之前,在项目创建的初始阶段应用,是对现有元数据的派生和修改,也可从根本上提高互操作的范围③。映射的实质是为一种元数据格式的元素和修饰词在另一种元数据格式里找到相同功能或含义的元素和修饰词④。按照参与映射的元数据标准数目的多少,映射可以分为两两映射和通过中间格式映射。

两两映射是指两种元数据标准之间进行的映射。按照映射的方向可分为单向映射和双向映射。如 A 和 B 分别为元数据标准,单向映射为 A 到 B 的映射 A ⟶B,或 B 到 A 的映射 B ⟶A;双向映射为 A ⟷B。

在映射进行的过程当中,由于元数据标准之间元素语义存在的差异,映射可分为一对一的映射、一对多的映射、多对一的映射和无映射四种情况。如以 A 到 B 的映射为例⑤⑥:

①一对一的映射:元数据 A 中的某个元素,在 B 中仅有一个元素与其对应;如在 DC 到 DIF 的映射中,DC 中的“Title”对应于 DIF 中的“Entry_Title”;DC 中的“Description”对应于 DIF 中的“Summary”。

②一对多的映射:元数据 A 中的某个元素,B 中有不止一个元素与其对应;如在 DC 到 DIF 的映射中,DC 中的“Rights Management”对应于 DIF 中的“Use_Constraints”和“Access_Constraints”。

---

① 孔庆杰,宋丹辉.元数据互操作问题技术解决方案研究[J].情报科学,2007,25(5):754-758.

② 毕强,朱亚玲.元数据标准及其互操作研究[J].情报理论与实践,2007,30(5):666-670.

③ 宋琳琳,李海涛.大型文献数字化项目元数据互操作调查与启示[J].中国图书馆学报,2012,38(5):27-38.

④ 孔庆杰,宋丹辉.元数据互操作问题技术解决方案研究[J].情报科学,2007,25(5):754-758.

⑤ Dublin Core Element Set to GCMD DIF[EB/OL].[2016-7-14].http://gcmd.nasa.gov/add/standards/dublin_to_dif.html.

⑥ 王兰成.知识集成方法与技术:知识组织与知识检索[M].北京:国防工业出版社, 2010:127-130.

③多对一的映射:元数据A中的多个元素,均对应B中的一个元素;如在CNMARC与DC的映射关系中,CNMARC中的“200 $ a”(正书名)、“200 $ e”(其他书名信息)、“510 $ a”(并列正书名)、“510 $ e”(并列其他书名信息)、“517 $ a”(其他书名)、“517 $ e”(其他书名副书名)对应于DC中的“Title”。

④无映射:元数据A中的某个元素,元数据B中没有元素与其对应。如在ANZLIC到DIF元数据的映射中,ANZLIC中的“Description”元素,在DIF中没有对应元素[①]。

除了上述元数据在映射过程中存在的有无对应元素引起的差异外,还存在应用匹配方面的差异。如:①必备元素与可选元素的差异[②③]。当源元数据中的某元素可选,在目标元素中为必备,解析规则就必须在转换过程中加入相应的必备数据。②可重复元素与不可重复元素的差异。当源元数据中的元素为可重复元素,在目标元数据中为不可重复元素,解析规则必须在源元数据中的多个值中选择一个作为目标元数据的唯一值。③语义取值范围的差异。如在源元数据格式中可以使用非规范词语描述,在目标元数据格式中,要求必须使用规范词语。④子元素的差异。元数据中的元素有子元素,而目标元数据中的元素没有子元素,解析规则必须规定如何将源元数据的子元素内容组织成目标元数据的元素内容。⑤元素层次错位。源元数据中有两个相同层次元素A和B,但它们在目标元数据中的对应元素C和D不在同一个层次,有可能C是D的子元素;一般来讲,A和C或B和D之间存在语义差异,解析规则需规定如何处理语义差异。单向转换相对容易,双向转换难;简单元数据到复杂元数据的转换相对容易,由复杂元数据到简单元数据的转换则相对较难。以DC和MARC之间的转换为例,DC到MARC的转换相对容易,而MARC到DC的转换会存在信息缺失的问题。

通过中间格式映射是指多个元数据之间的映射可以通过中介格式进行转换,以一种元数据格式为中心,其他的元数据都与中心元数据分别建立映射,也称转接板方案,如图3-2所示。

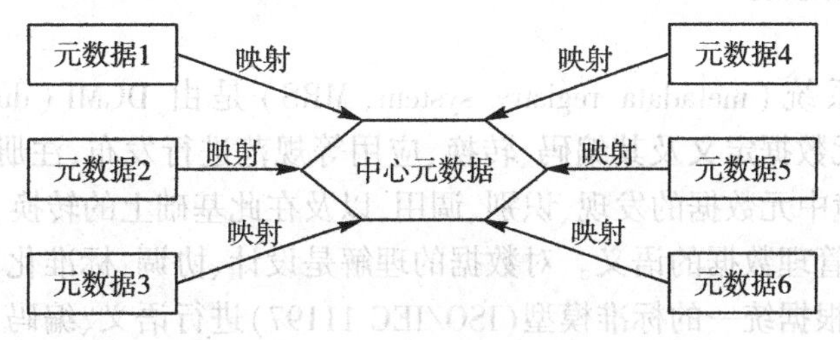

图3-2　基于中间元数据格式的映射方法

2)适用性分析

两两映射适应于两种元数据标准之间转换准确、能够实现系统统一的检索,因为两种元数据格式的元素已经建立好映射关系,适合第一种数据库的元数据格式的检索式,通过元数

① ANZLIC metadata standard to GCMD DIF[EB/OL].[2016-6-28].http://gcmd.nasa.gov/add/standards/anzlic_to_dif.html.

② 申晓娟,高红.从元数据映射出发谈元数据互操作问题[J].国家图书馆学刊,2006,15(4):51-55.

③ 孔庆杰,宋丹辉.元数据互操作问题技术解决方案研究[J].情报科学,2007,25(5):754-758.

据元素的映射关系,自动转换为适合第二种元数据格式的检索式,在第二种数据库中进行检索。不过它的局限性也比较明显,当元数据的标准增多时,分别对两个标准建立映射是项复杂的工作。映射的工作量加大,转换模板的数量将急速增加,例如:两种元数据标准之间的单向映射需要建立 1 个映射过程,两种元数据之间的双向映射需要建立 2 个映射过程;三种元数据标准之间的单项映射需要建立 3 个映射过程,双向映射需要建立 6 个映射过程;四种元数据标准之间的单向映射需要建立 6 个映射过程,双向映射需要建立 12 个映射过程。除此之外,元素之间无法做到完全映射,会产生信息丢失问题。

通过中间格式映射,映射的准确性和精确性会受到所选择的中间格式的影响。在实际的应用中,OAI-PMH 支持互操作的基础思想就是转接板方案,中心元数据为 DC 元数据,其他的元数据分别与 DC 建立映射关系①。通过中间格式映射的优点是转换模板数量少,缺点是转换的精确性受中间格式精细程度影响,元素之间无法做到完全映射,会产生信息丢失的问题②。

3.2.1.2　应用规范

1)内涵

元数据应用规范(application profile,AP)是元数据标准规范的应用形式,也可以看成是一种规范的元数据方案。允许在应用中采用组合来自多个不同元数据标准中的数据元素,并对"混合型"元数据方案从内容和形式上进行规范,保证具有相似的基本结构和通用元素③。

2)适用性分析

笔者认为应用规范实质是元数据的复用。这种方法适用于在面对具体需要描述的科学数据资源时,没有找到能够符合自己需要的规范,这时候就可以在不同的元数据规范中,针对科学数据资源的具体特征,对各种已经存在的元数据规范中合适的元数据元素进行提取,考虑从哪些方面描述资源,形成本资源特有的元数据元素集合。

3.2.1.3　元数据注册系统

1)内涵

元数据注册系统(metadata registry system,MRS)是由 DCMI(dublin core metadata initiative)提出,对元数据定义及其编码、转换、应用等规范进行发布、注册、管理和检索的系统,以支持开放环境中元数据的发现、识别、调用,以及在此基础上的转换、挖掘和复用④。元数据注册系统用于管理数据的语义。对数据的理解是设计、协调、标准化、应用、重用以及交换数据的基础。它根据统一的标准模型(ISO/IEC 11197)进行语义、编码、标准解析和转换,按照领域或者主题建立元数据规范目录列表,映射到各自所对应的物理信息资源,并以 Web 服务的形式在网络上进行发布,通过元数据从语义层面的关联和协同可以有效地进行信息资源的整合,支持智能检索、定题服务、主题聚类、内容挖掘等知识服务,从而实现信息资源

① 胡良霖,黎建辉,王闰强,等.科学数据库元数据互操作的类 OAI 模型[C]//科学数据库与信息技术学术讨论会,2004.

② 申晓娟,高红.从元数据映射出发谈元数据互操作问题[J].国家图书馆学刊,2006,15(4):51-55.

③ 杨蕾,李金芮.国外公共数字文化资源整合元数据互操作方式研究[J].图书与情报,2015(1):15-21.

④ 强韶华,吴鹏,严明.面向信息资源整合的元数据注册系统研究[J].情报科学,2008,26(12):1878-1881,1911.

的开发和增值①。

元数据注册系统是支撑注册功能的一个元数据数据库。注册实现三个主要目的:标识、来源和质量监控。标识由赋予每个注册对象(注册系统内)一个唯一的标识符来实现;来源指明元数据及其描述对象的来源;质量监控确保元数据完成其所被赋予的任务。元数据注册系统的目标是:各类应用能够确定在现有的元数据注册系统中是否存在合适的对象。如果确认需要一个新对象,鼓励通过适当修改现有描述来派生,以免类似的描述产生不必要的差异。注册也可以辨别两个或多个管理项描述的是否是同一对象,更为重要的是,可以发现在一个或多个方面存在显著差异的管理项是否使用了相似或相同的名称②。元数据注册的目的是为了搜集有关元数据模式的数据。元数据的注册有四种不同的范围:跨领域和跨模式注册、特定领域跨模式注册、特定项目注册、特定模式注册③。

2)适用性分析

笔者认为元数据注册系统可以看作为存储元数据相关信息的数据库,并不包括具体的数据,其便于元数据元素的查找、复用和共享,为元数据的互操作提供支撑作用,其适用于存储元数据的相关信息。

3.2.2　基于语法和结构的元数据互操作及其适用性分析

3.2.2.1　基于语法的元数据互操作及其适用性分析

1)内涵

语法规定了元素如何以机器可读的方式给予编码④。语法互操作是指在语法层面对元数据进行互操作。如何将对元数据表达的不同语言进行转换,是语法互操作研究的内容。谈到语法互操作,需要先了解几种标记语言。元数据使用的编码语言有标准通用标记语言(standard general markup language,SGML)、超文本标记语言(hyper text markup language,HTML)以及可扩展标记语言(extensible markup language,XML)。SGML 存储格式很好,但是复杂难懂,不便于网络传输;HTML 文档本身的结构性不强,受固定标记集合的约束,扩展能力差,描述内容的能力比较弱;XML 使用者可以使用需要的标记描述文件中的任何数据元素,表示非常灵活。XML 具有存储格式良好、可扩展性强、高度结构化、便于网络传输等优势,决定了其成为网络上应用极为广泛的标记语言⑤。XML 是从语法层面解决元数据互操作的问题。使用 XML 实现元数据互操作的原理为:例如有两种元数据 A 和 B,需要先将 A 和 B 都使用 XML 格式表示,然后使用扩展样式表转换语言(extensible stylesheet language transformations,XSLT)完成两个 XML 文档之间的转换。要严格定义 XML 文档中的数据,需要对 XML 进行描述。描述 XML 文档结构的语言有两种,一种是文档类型定义(document type

---

① 宋琳琳,李海涛.大型文献数字化项目元数据互操作调查与启示[J].中国图书馆学报,2012,38(5):27-38.

② 全国信息技术标准委员会.信息技术　元数据注册系统(MDR)第 1 部分:框架:GB/T 18391.1—2009[S].北京:中国标准出版社,2009.

③ Chan L M,Zeng M L.Metadata interoperability and standardization-A study of methodology part I achi- eving interoperability at the schema level[J].D-Lib Magazine,2006,12(6).

④ 毕强,朱亚玲.元数据标准及其互操作研究[J].情报理论与实践,2007,30(5):666-670.

⑤ 孔庆杰,宋丹辉.元数据互操作问题技术解决方案研究[J].情报科学,2007,25(5):754-758.

definition,DTD),另外一种是 XML Schema。DTD、XML Schema 以及两者的比较如下:

(1)DTD

DTD 的作用是定义 XML 文档的合法构建模块。DTD 使用一系列的合法元素来定义文档结构。DTD 可被成行地声明于 XML 文档中,也可作为一个外部引用,也就是说,DTD 的声明方式包括内部的文档声明和外部的文档声明。通过 DTD,每一个 XML 文件均可携带一个有关自身格式的描述;独立的团体可一致地使用某个标准的 DTD 来交换数据;应用程序也可使用某个标准的 DTD 来验证从外部接收到的数据;使用 DTD 也可来验证自己的数据①。

(2)XML Schema

XML 的广泛应用要求其具有强大的数据描述能力,如在文本数据库存储数据,作为某一行业中数据交换的标准表示等方面。这些都需要 XML 文档对其进行描述,如严格定义数据类型及其结构等,这样才能真正地做到数据的安全性以及在行业内统一标准,并用统一的规则对其进行解析。但是 XML 本身无法严格定义文档中的数据②。XML Schema 用于描述 XML 文档的合法构建模块,也称作 XML Schema 定义,是 DTD 的替代者③。XML Schema 可定义出现在文档中的元素、出现在文档中的属性、哪个元素是子元素、子元素的次序、子元素的数目、元素是否为空,或者是否可包含文本、元素和属性的属性类型、元素和属性的默认值以及固定值④。

(3)DTD 与 XML Schema 的比较

DTD 和 XML Schema 都是提供文档的结构描述,也都可以用于文档验证。它们存在一些不同点⑤:①DTD 支持自身的特殊语法,不是使用 XML 作为描述手段,创建 XML 和 DTD 文档的编写存在两套规则。XML Schema 本身就是 XML 文档,完全使用 XML 作为其描述手段,和 XML 使用的语法规则一样。②DTD 不支持元素的数据类型,对于属性的类型定义也很有限,XML Schema 支持丰富的数据类型。③DTD 不支持命名空间(NameSpace),XML Schema 支持命名空间。④DTD 缺乏良好的扩展,是内容"封闭"的模型。XML Schema 具有良好的扩展性,可以自己扩展数据类型。

2)适用性分析

笔者认为语法互操作适用于元数据语言表达层面上的互操作,不涉及元数据元素在语义层面上的对应,因为在表达元数据元素时,不同的表达语言语法规则是不一样的,如 HTML 的<META>是用 HTML 表达元数据的语法规则,RDF、METS 是用 XML 描述语言的语法规则。XML 是越来越广泛被使用的标记语言,将元数据使用 XML 表达,利于元数据在语法层面的互操作⑥。

3.2.2.2 基于结构的元数据互操作及其适用性分析

结构规定了元数据的内容、句法及语义结构⑦。结构是指表达数据的组织形式。结构互

---

① DTD 简介[EB/OL].[2016-9-8].http://www.w3school.com.cn/dtd/dtd_intro.asp.

② 杨玉麟.信息描述[M].北京:高等教育出版社,2004:318-326.

③ Schema 教程[EB/OL].[2016-9-8].http://www.w3school.com.cn/schema/index.asp.

④ XML Schema 简介[EB/OL].[2016-11-15].http://www.w3school.com.cn/schema/schema_intro.asp.

⑤ 杨玉麟.信息描述[M].北京:高等教育出版社,2004:324-326.

⑥ 林海青.元数据互操作的逻辑框架[J].数字图书馆论坛,2007(8):1-10.

⑦ 毕强,朱亚玲.元数据标准及其互操作研究[J].情报理论与实践,2007,30(5):666-670.

操作是指在元数据的结构层面进行互操作。在结构层面解决元数据互操作的方法有 METS 和 RDF。METS 和 RDF 是实现复用和集成的两种方式。建立资源描述框架,是用一个元数据框架作为容纳来自多种元数据格式的元素的容器,如元数据编码及转换标准(metadata encoding and transmission standard,METS)和 RDF①。

1) METS

METS 的内涵及其适用性分析如下。

(1)内涵

METS 是通过将不同元数据源的各个组成部分统一封装到 XML 文件中,实现与外部元数据格式的结合。METS 的优势在于构建了由不同模块(描述、管理、结构等)组合而成的统一框架,该框架不受模式、词汇、应用程序等限制,按照属性将不同来源的多条记录分别整合到相应模块中,然后统一封装成 XML 文件,从而形成一条新的纪录。METS 文档采用 XML 形式表示,主要包括七个部分的内容:①METS 文件头部分。此部分记录的是 METS 文档自身的元数据信息,不同于所保存的数字对象的元数据,主要包括文档状态、创建和修改时间、标识信息以及创作者 Agent 信息。②描述性元数据部分。此部分所关联的是数字对象的描述性元数据信息。③管理性元数据部分。此部分是记录所保存的数字对象的管理型元数据信息。管理性元数据包括技术、知识产权、来源、数字化过程元数据四种。④文件组部分。每个文件组是组成数字对象的某种电子版本的一组文件的列表。⑤结构图部分。概括了数字对象的层次结构,并且将对应的内容文件和元数据链接到结构图的相应元素中。⑥结构链接部分。记录结构图部分中分层节点之间的关系。⑦行为机制部分②。此部分记录 METS 对象中内容实体所关联的可执行的行为。

(2)适用性分析

METS 是按照模块来封装元数据的。例如,有元数据 A 和元数据 B,METS 是将 A 中的描述元数据和 B 中的描述元数据分别封装在描述模块中,将 A 中的管理元数据和 B 中的管理元数据分别封装在管理模块中。METS 是按照模块的角度聚集资源的元数据,从而实现元数据的互操作。

2) RDF

RDF 的内涵及其适用性分析如下。

(1)内涵

RDF 是在 W3C 领导下开发的用于元数据互操作性的标准。在 1999 年 2 月,RDF 的模型和句法规则[resource description framework(RDF) model and syntax specification]被批准为 W3C 的推荐文件③。在 1999 年 3 月,RDF 的模式规范[resource description framework(RDF) schema specification]被批准为 W3C 的推荐文件④。

① 申晓娟,高红.从元数据映射出发谈元数据互操作问题[J].国家图书馆学刊,2006,15(4):51-55.

② 董丽,吴开华,姜爱蓉,等.METS 元数据编码规范及其应用研究[J].现代图书情报技术,2004,20(5):8-12.

③ W3C issues recommendation for resource description framework(RDF)[EB/OL].[2016-9-7].https://www.w3.org/Press/1999/RDF-REC.

④ Resource description framework(RDF) schema specification[EB/OL].[2016-9-7].https://www.w3.org/TR/P R-rdf-schema/.

建立标准的资源描述框架(RDF)是在结构层面解决元数据互操作的思路。RDF 的目标是建立一个供多种元数据标准共存的框架。RDF 没有定义用哪些元数据来描述资源,RDF 定义了描述资源的通用框架,由“资源-属性-值”三元组组成,资源相当于“主语”(资源可以用 URI 地址命名),“属性”相当于“谓语”,“值”相当于“宾语”①;其中属性可看作元数据的元素。例如描述“《知识集成方法与技术——知识组织与知识检索》的作者是王兰成”,使用 RDF 可以表达为:

```
<rdf:RDF>
<rdf:Description about“《知识集成方法与技术——知识组织与知识检索》”>
<dc:Creator>王兰成</dc:Creator>
</rdf:Description>
</rdf:RDF>
```

也可以用图形表示,用椭圆形代表资源,箭头代表属性,箭头方向由资源指向属性值,方框代表属性值,如图 3-3 所示。

图 3-3 “《知识集成方法与技术——知识组织与知识检索》的作者是王兰成”图形表示

RDF 是基于 XML 用于描述信息资源的标准,XML 是一种定义语言,使用者可以根据需要定义任何的标记来描述任何的信息资源,这点突破了超文本标记语言采用固定标记集合的约束。RDF 框架下的 XML 语言称之为 RDF/XML。RDF/XML 是从语法层面解决了互操作的基本问题②③。RDF 使用 XML 格式作为通用语法,这使得各种元数据体系之间的转换成为现实。另外,当使用多种元数据描述资源时,可以运用 RDF Schema 定义不同词汇集的元数据之间的关系。RDF 本身并没有定义任何一个领域的语义。要对相关领域的语义进行描述,需要使用到 RDF Schema(简称 RDFS)。RDFS 是对 RDF 的语义扩展,提供了描述相关资源以及这些资源之间关系的机制,增强了 RDF 对资源的描述能力④。如使用 RDFS 可以表示一个元素是另一个元素的子类。这样,就可以在不同词汇集之间通过指定元数据关系来实现元数据的交换⑤。RDF 通过定义 RDF Schema,利用 XML Namespace 调用已有定义规范的机制,从而直接在 RDF 中引用不同的元数据标准来实现数据复用与集成。相比于 METS 的模块化整合策略,RDF 将框架中的元数据包打散成单个元数据元素,着眼于具体元素的描述记录,通过调用和引用的方式实现集成。RDF 应用于元数据数据复用取决于两个方面:首先是命名空间,因为元数据元素是由开发者定义的,当两个不同的文档使用相同的元素名称,两个文档被一起使用时,就会发生命名冲突。元数据元素的产生与归属由命名空

① 孔庆杰,宋丹辉.元数据互操作问题技术解决方案研究[J].情报科学,2007,25(5):754-758.

② 王卷乐,王琳.RDF/XML 在地学数据 Web 共享中的应用研究[J].地理信息世界,2005(6):8-11.

③ 张建聪,吴广印.面向知识导航的机构要素元数据规范及互操作[J].情报学报, 2010, 29(1):84-92.

④ 王兰成.知识集成方法与技术:知识组织与知识检索[M].北京:国防工业出版社,2010:29-34.

⑤ 资源描述框架[EB/OL].[2016-7-20].http://wiki.mbalib.com/wiki/资源描述框架.

间定义,所以命名空间是辨识元素来源、理解元素语法特征的主要依据。其次是RDF规范,规定了利用XML namespace方法调用已有定义规范的机制,可以直接引用多个元数据集中合适的元素作为属性名来描述相应的资源①②③。

(2)适用性分析

使用RDF实现元数据的互操作,其提供了一个描述资源的标准框架,简单来说,是以“主-谓-宾”形式的三元组表示,RDF像一个容器,可以包含各种元数据格式,各个应用系统在能正确解析标准描述框架的情况下,能解读相应的元数据格式。RDF是从这个角度实现元数据的互操作④。

3.2.3　基于协议的元数据互操作及其适用性分析

元数据交换协议是根据共同的协议进行元数据应用层面的数据检索和发布⑤。支持元数据互操作的协议包括OAI-PMH、Z39.50等。下文分别探讨这两个协议的内涵及分析其适用性。

3.2.3.1　OAI-PMH

1)内涵

OAI协议的全称为开放文档先导(open archive initiative,OAI),OAI起源于电子出版(E-prints)组织领域。OAI是解决元数据共享和互操作的协议。开放文档先导元数据收割协议(OAI-PMH)是OAI具体协议的名称。OAI系统主要由数据提供者、服务提供者、元数据搜寻协议三部分组成⑥。OAI-PMH使用TCP/IP协议作为收割者和仓储之间的传输框架。OAI-PMH的基本功能如图3-4所示⑦。

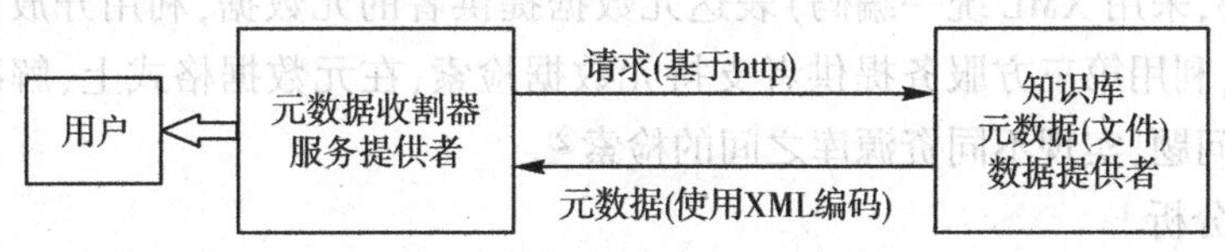

图3-4　OAI-PMH的基本功能

操作框架中有两个不同的角色:数据提供者和服务提供者。①数据提供者是元数据的发布方,拥有一个或多个仓储,提供元数据的免费获取,采用OAI技术框架发布元数据,使得服务提供者根据自身需要对这些元数据进行收割加工。②服务提供者是元数据的收割方,使用OAI协议向数据提供者发出请求,并接收返回的元数据作为构造附加服务的基础。一个服务提供者可收割多个数据提供者的数据⑧。OAI-MHP主要以DC为中间元数据实现互

① 宋琳琳,李海涛.大型文献数字化项目元数据互操作调查与启示[J].中国图书馆学报,2012,38(5):27-38.

② XML命名空间(XML Namespaces)[EB/OL].[2016-9-6].http://www.w3school.com.cn/xml/xml_namespaces.asp.

③ 姚星星.试论通过RDF实现不同元数据之间的转换[J].河南图书馆学刊, 2004,24(2):14-19.

④ 毕强,朱亚玲.元数据标准及其互操作研究[J].情报理论与实践,2007,30(5):666-670.

⑤ 申晓娟,高红.从元数据映射出发谈元数据互操作问题[J].国家图书馆学刊,2006,15(4):51-55.

⑥ 孔庆杰,宋丹辉.元数据互操作问题技术解决方案研究[J].情报科学,2007,25(5):754-758.

⑦ Main Technical Ideas of OAI-PMH[EB/OL].[2016-9-10].http://www.oaforum.org/tutorial/english/page3.htm.

⑧ 齐华伟,王军.元数据收割协议OAI-PMH[J].情报科学,2005,23(3):414-419.

操作,可在 DC 的基础上进行扩展,也可支持编码成 XML 的其他元数据格式。OAI 协议,通过 HTTP 协议,主要规定了 6 种请求①,请求及其执行的任务如图 3-5 所示。

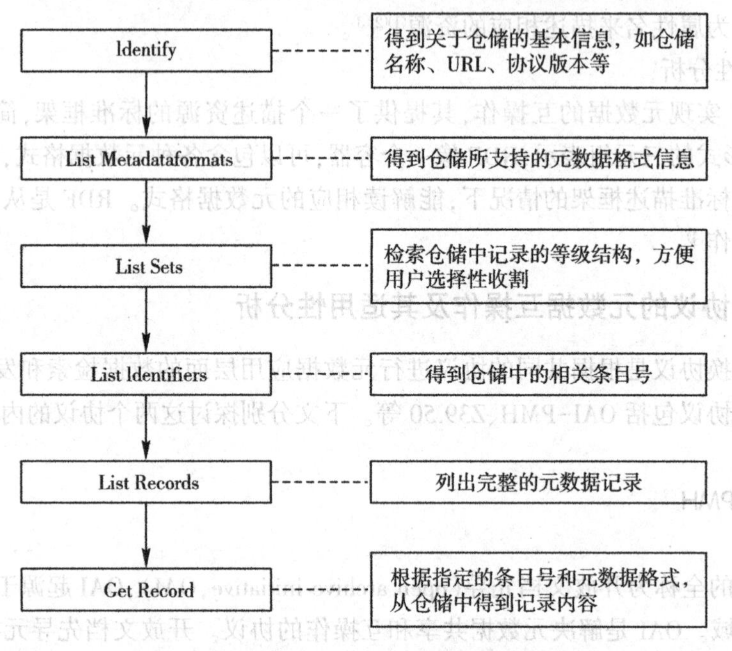

图 3-5 OAI-MHP 的 6 种请求及其执行的任务

OAI 系统实现元数据互操作的基本原理可以简单地叙述为:使用公共元数据格式(以 DC 为映射中心,采用 XML 统一编码)表达元数据提供者的元数据,利用开放协议对公共元数据进行搜寻,利用第三方服务提供者支持元数据检索,在元数据格式上,解决各个资源库存在的异构性问题,实现不同资源库之间的检索②。

2)适用性分析

使用 OAI 实现元数据的互操作,需要各个信息资源系统都满足 OAI 协议的要求。普遍的情况是,各种信息资源的元数据需要先转换成 DC,在信息检索时,信息系统使用协议的 6 种请求,由数据提供者将相关信息提供给服务提供者,再提供给用户,从而实现元数据之间的互操作。

3.2.3.2 Z39.50

1)内涵

Z39.50 是一种开放网络平台上的应用层协议③。它是一个美国国家标准,其全称是以开放系统互联为目的的美国国家标准信息检索应用服务定义和协议规范④。Z39.50 国际标

① 齐华伟,王军.OAI-PMH 与数字图书馆的互操作[J].图书馆论坛,2005,25(4):19-22.

② 孔庆杰,宋丹辉.元数据互操作问题技术解决方案研究[J].情报科学,2007,25(5):754-758.

③ 王卷乐,游松财,谢传节.元数据技术在地学数据共享网络中的应用探讨[J].地理信息世界,2005,3(2):36-40.

④ Z39.50.[EB/OL].[2016-8-22].http://baike.baidu.com/link? url=yiAwFd4tSYIyrbw0fzBitHJ1Rv6G403Kl2kFYIlr0cUtxRsywNlRM5IP8qAao_xLtZpC-o5Fd-kr_aC8of_91a.

准用于检索图书馆书目信息①。Z39.50实现互操作的原理是:Z39.50支持异构系统间的操作,保证互操作;在异构系统之间,通过公共方式表达检索指令及结果。执行Z39.50协议,可以聚合不同平台上的异构OPAC数据库,建立书目整合系统。用户只有在一个OPAC系统界面,就可以检索相关图书馆的OPAC②。

2)适用性分析

Z39.50比较复杂,在客户端和服务器端都要安装相应的软件,主要用于图书馆目录的共享,操作对象是MARC记录。

3.3　元数据互操作在科学数据中的应用

上文中,笔者参考已有研究,划分了元数据互操作方法的框架及层次,以及对具体元数据互操作方法的内涵及其适用性进行了分析,并借鉴元数据互操作的方法,将其应用在科学数据中。科学数据元数据是专门用来描述科学数据资源的,描述科学数据资源的元数据和一般用于描述网络资源的元数据相比,在元数据元素的数量上更加复杂,在层级上更加详细,限定较多,并更加凸显领域特征。笔者选择最为广泛地用于描述网络信息资源的DC和国家地震科学数据共享中心发布的《地震科学数据元数据编写指南》为例来说明与一般描述网络资源元数据相比,科学数据元数据的特点。

(1)从元素数量方面来看,DC仅有15个元素,《地震科学数据元数据编写指南》共有包括子集、实体、元素在内的218个元素。

(2)从元数据元素层级来看,DC的15个元素没有子元素,而《地震科学数据元数据编写指南》的层级划分更为详细,以"分发信息"为例,"分发格式"为"分发信息"的子元素,另外"分发格式"的子元素还包括"名称""版本""修订号""规范""解压缩说明",详情如图3-6所示。

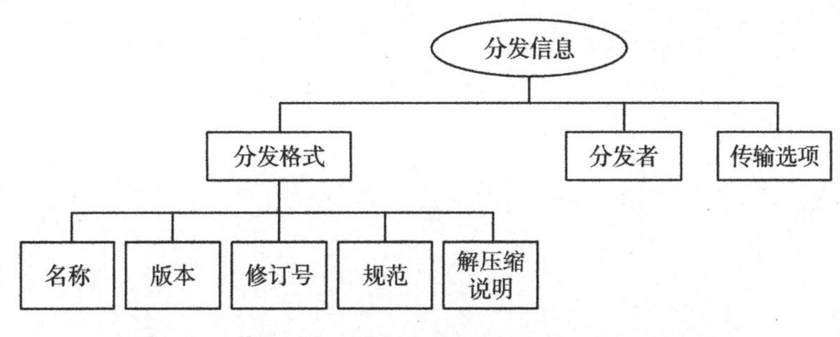

图3-6　《地震科学数据元数据编写指南》中的分发信息

(3)在元数据元素的约束/条件方面(说明元数据实体或元数据元素是否必须选取的属性),DC中的每个元素都是可选的、可重复的。《地震科学数据元数据编写指南》中的元数据的约束/条件分为三种:

①必选(M),指必须选择该数据集实体或数据集元素。

②可选(O),指实体和元素可以选择,也可以不选择,当元素包含在实体中,且为必选

① 孔庆杰,宋丹辉.元数据互操作问题技术解决方案研究[J].情报科学,2007,25(5):754-758.

② 马文峰.数字资源整合研究[J].中国图书馆学报,2002(4):63-66.

时,在应用的过程当中,如果没有选择包含此元素的实体,则这个元素也不被选择,即是否选择必选元素,要依据其所属的实体是否可选而定。当实体必选时,在其中的必选元素才能被选。

③条件必选(C)。在满足约束条件的定义条件的情况下,为必选。

(4)在元数据元素是否凸显领域特征方面,DC 普遍适用性较强,不局限于某个领域,而《地震科学数据元数据编写指南》专门用来描述地震信息,因此有明显的领域特征,如“地理覆盖范围信息”下的“地理边界矩形”,其子元素为“西边经度”“东边经度”“南边纬度”“北边纬度”。

以上笔者仅选择了一种地球科学领域的元数据与普遍描述网络信息资源的 DC 进行比较,总结了其在元数据元素数量、元数据元素层级、元数据元素的约束/条件,以及是否具备领域特征方面的特点,并不能说明所有的地球科学相关领域元数据的特点,但以此为研究对象,也能说明地球科学科学数据元数据的一些特征;尽管与 DC 有所不同,因其属于元数据,作用和功能相同,笔者认为能将元数据互操作的方法应用于描述地球科学相关领域的科学数据中。后文中,将选择具体的地球科学领域元数据标准,来探讨元数据互操作在科学数据中的应用。

第 4 章　地球科学科学数据元数据互操作方法的选取及实现

在本章，笔者对地球科学科学数据相关领域的元数据标准进行选取，并选择合适的互操作方法，实现元数据之间的互操作。主要包括地球科学科学数据元数据标准及其语义分析、地球科学科学数据元数据互操作方法的选取、基于语义的地球科学科学数据元数据互操作三个部分。

4.1　地球科学科学数据元数据标准及其语义分析

4.1.1　地球科学科学数据元数据标准的选取

笔者对作为研究对象的核心元数据及全集元数据的选取思路及过程如下：

在本书第 3 章对元数据互操作方法以及其适用性进行研究并分析后，笔者发现一些元数据已经制定的核心元数据是用来组织及检索信息最基本最常用的元数据元素。核心元数据互操作方法的实现，是发现及利用信息的重要途径，笔者计划对核心元数据的互操作进行研究。选取元数据标准对象的步骤如下：

（1）选取制定了核心元数据的元数据标准，包括 ISO 19115-1:2014、澳大利亚新西兰土地信息局元数据、地理信息元数据、国家基础地理信息系统（NFGIS）元数据标准草案（初稿）、NREDIS 信息共享元数据内容标准草案在内的五种。笔者再进一步仔细研究以上五种核心元数据的过程中，元数据元素的数目如表 4-1 所示。

表 4-1　元数据标准及核心元数据元素数目

元数据标准名称	元数据元素数目
ISO 19115-1:2014	18
澳大利亚新西兰土地信息局元数据	24
地理信息元数据	22
国家基础地理信息系统（NFGIS）元数据标准草案（初稿）	70
NREDIS 信息共享元数据内容标准草案	18

由上表五种核心元数据的元素数目来看，国家基础地理信息系统（NFGIS）元数据标准草案（初稿）元素的数据为 70 个，和其他的核心元数据元素相比，超出太多。因此笔者在选取核心元数据为研究对象时，不将该元数据包含在内，将其余的四种元数据的核心元数据元素作为研究对象。

(2)除了对核心元数据元素的选取,笔者也计划选取全集元数据作为研究对象,将基于RDF的语义映射方法,针对全集元数据与DC建立映射。笔者选取描述地球科学科学数据的元数据目录交换格式(directory interchange format,DIF)。因为在4.3.1和4.3.2当中,建立映射的过程当中会用到其他的大部分元数据,笔者想选取没有使用过的元数据作为研究对象,未使用到的地理空间元数据内容标准出版年份较早(1998年),未搜集到地球观测系统信息中心元数据具体元素的语义,国家基础地理信息系统(NFGIS)元数据标准草案(初稿)不是正式发布的版本。再加上搜集到的地球科学科学数据元数据当中,DIF的元素及其语义最为全面,出版年份较新(2016年),因此将DIF作为全集元数据研究对象。

(3)笔者在第3章中分别研究了核心元数据之间的互操作,以及核心元数据与全集元数据之间的互操作,考虑到对科学数据资源的描述需要详细揭示的情况,在本小节,探讨全集元数据与全集元数据之间的互操作,笔者计划分别在国内和国外的地球科学科学数据元数据中选取一种全集元数据。在所调研到的全集元数据资料当中,针对国内的元数据,笔者选取权威的国家标准——《地理信息　元数据》(GB/T 19710—2005),由于此标准是在国际标准ISO 19115:2003《地理信息　元数据》的基础上做的改动,与国际标准会有一定相似性,因此笔者在选取国外的元数据标准时,未选取国际标准ISO 19115,在搜集到的其他全集元数据资料比较全面的元数据中,在上文中已经将DIF作为研究对象,基于RDF的方法实现元数据互操作时进行了研究,因此选择数字地理空间元数据内容标准(Content Standard for Digital Geospatial Metadata,CSDGM)作为研究对象,即建立CSDGM和《地理信息　元数据》(GB/T 19710—2005)之间的概念框架,从而实现元数据之间的互操作。

4.1.2　地球科学科学数据元数据元素及其语义

笔者对地球科学科学数据的核心元数据元素及其语义、特点,以及全集元数据及其语义进行分析,为后文中建立元数据元素之间的映射奠定基础。

4.1.2.1　地球科学科学数据核心元数据的元素及其语义

本书依据元数据标准的易获取性、所搜集资料的完整性等因素,在搜集到的国内外元数据标准中,选择与地理信息相关的ISO 19115-1:2014、澳大利亚新西兰土地信息局元数据、地理信息元数据、NREDIS信息共享元数据内容标准草案四种核心元数据,明确元数据元素的确切含义,为后文研究中实现元数据的互操作做好前期工作。

1)ISO 19115-1:2014

ISO 19115-1:2014的核心元数据包括18个元素,每个元素及其语义如表4-2所示。

表4-2　ISO 19115-1:2014核心元数据元素及其语义

元素	语义
元数据参考信息(metadata reference information)	元数据的唯一标识符
资源题名(resource title)	已知资源的标题
资源参考日期(resource reference date)	被用来帮助识别资源的日期
资源标识符(resource identifier)	资源唯一的标识符
资源联系点(resource point of contact)	负责资源的人员、职位或组织的名称

续表 4–2

元素	语义
地理位置(geographic location)	描述资源位置的地理描述或坐标(维度/经度)
资源语言(resource language)	资源使用的语言和字符集
资源主题类别(resource topic category)	描述资源主题,在 20 个可选择的元数据资源分类枚举中选择
空间分辨率(spatial resolution)	资源的名义尺度/空间分辨率
资源类型(resource type)	元数据描述的识别资源类型的资源代码,如数据集、集合、应用
资源摘要(resource abstract)	资源内容的简要描述
数据集扩展信息[extent information for the dataset(additional)]	资源的时间或垂直范围
资源谱系(resource lineage)	生产资源的来源和生产过程描述
资源在线链接(resource on-line Link)	资源元数据的链接(URL)。关于可以获得的资源、规范或社会概要文件的名称和可扩展的元数据元素
关键词(keywords)	为了索引和搜索,描述资源的字词或短语
资源访问和使用约束(constraints on resource access and use)	资源访问和使用的限制
元数据创建日期(metadata date stamp)	元数据的参考日期,特别是创建日期
元数据联系点(metadata point of contact)	负责元数据的一方

2)澳大利亚新西兰土地信息局元数据

澳大利亚新西兰土地信息局元数据包括 24 个核心元数据元素,每个元素及其语义如表 4–3 所示。

表 4–3　澳大利亚新西兰土地信息局核心元数据元素及其语义

元素	语义
Metadata file identifier	元数据文件标识符
Metadata language	元数据语言
Metadata character set	元数据字符集
Metadata file parent identifier	元数据文件父标识符
Metadata point of contact	元数据联系方
Metadata date stamp	元数据创建日期
Metadata standard name	元数据标准名称

续表 4-3

元素	语义
Metadata standard version	元数据标准版本
Dataset title	数据集题名
Dataset reference date	数据集参考日期
Abstract describing the data	描述数据的摘要
Dataset responsible party	数据集责任方
Spatial representation type	空间表示类型
Spatial resolution of the dataset	数据集的空间分辨率
Dataset language	数据集语言
Dataset character set	数据集字符集
Dataset topic category	数据集主题分类
Geographic location of the dataset (by four coordinates or by description)	数据集的地理位置(通过四种坐标或通过描述)
Temporal extent information for the dataset	数据集的时间范围信息
Vertical extent information for the dataset	数据集的垂直范围信息
Lineage	系谱
Reference system	参考系统
Distribution format	分发格式
On-line resource	在线资源

3)地理信息元数据

地理信息元数据制定了核心元数据,共22个,表4-4为核心元数据元素及其语义。

表 4-4　地理信息元数据核心元数据元素及其语义

元素	语义
数据集名称	已知的引用资料的名称
数据集引用日期	引用资料的有关日期
数据集负责单位	与数据集有关的负责人和单位的标识及联系方法
数据集地理位置	由四个地理边界坐标或地理标识符确定。包括地理边距矩形和地理区域描述。地理边距矩形是指数据集的地理位置(这仅仅是近似的范围,无须说明坐标系);地理区域描述指用标识符说明地理区域范围
数据集采用的语种	数据集采用的语言

续表 4–4

元素	语义
数据集采用的字符集	数据集采用的字符编码标准全名
数据集专题分类	数据集的主题
数据集空间分辨率	一般了解数据集中空间数据密度的因数。包括等效比例尺分母和采样间隔。等效比例尺分母指用类似硬拷贝地图或海图的比例尺表示的数据资源详细程度;采样间隔指地面的采样间隔
数据集摘要说明	资源内容的简单说明
分发格式	分发数据的格式说明
数据集覆盖范围补充信息	包括数据集的边界矩形、边界多边形、垂向覆盖范围和时间覆盖范围
空间表示类型	在空间上表示地理信息所使用的方法
参照系	数据集采用的空间和时间参照系说明
数据志	范围确定的数据生产的有关事件或数据源信息,或需要了解的数据志信息
在线资源	可以获取数据集、规范、领域专用标准名称和扩展的元数据元素的在线资源信息
元数据文件标识符	元数据文件的唯一标识符
元数据标准名称	执行的元数据标准(包括专用标准)名称
元数据标准版本	执行的元数据标准(专用标准)版本
元数据采用的语种	元数据采用的语言
元数据采用的字符集	元数据集采用的字符编码标准的全名
元数据联系方	与数据集有关的负责人和单位的标识及联系方法
元数据创建日期	元数据创建的日期

4) NREDIS 信息共享元数据内容标准草案

NREDIS 信息共享元数据内容标准草案包括 18 个元素,每个元素及其语义如表 4–5 所示。

表 4–5　NREDIS 信息共享元数据内容标准草案的元数据元素及其语义

元素	语义
标题	数据集的名称
出版日期	数据集的出版日期
作者	创建该数据集的组织或个人名

续表 4-5

元素	语义
版权所有者	数据集的出版组织或个人名称
摘要	对数据集的简要描述
目的	对建立该数据集目的的简要描述
主题关键词	描述数据集主题的通用词和短语
西边界坐标	用经度表示的数据集范围的最西坐标
东边界坐标	用经度表示的数据集范围的最东坐标
北边界坐标	用经度表示的数据集范围的最北坐标
南边界坐标	用经度表示的数据集范围的最南坐标
数据集内容的单一编码	对数据集内容的单一日期的编码
开始日期	数据集内容的时间范围的开始的年(月,日)
结束日期	数据集内容的时间范围的结束的年(月,日)
进展	数据集的状况(完成、正在建立、计划中)
空间数据表示方式	空间数据表示方式(矢量、栅格、遥感影像、多媒体、文档、图表、自由文本)
联系	关于数据集的联系信息
浏览图	提供数据集说明的浏览图,应包括图例

4.1.2.2 地球科学科学数据核心元数据元素的特点分析

笔者经过筛选,列出了四种地球科学数据核心元数据的元素名称及其语义。为了进一步了解该领域科学数据核心元数据的特点,笔者将其与最常使用的用于描述网络资源的DC及中科院网络信息中心制定的《数据集核心元数据》进行比较分析,便于选取适合地球科学领域核心元数据的互操作方法。

1)DC

都柏林核心(Dubin Core,DC)的第一届研讨会于1995年3月1日—3日在美国俄亥俄州的Dublin,是由联机计算机图书馆中心研究办公室和国家超级计算机应用中心(national center for supercomputing applications,NCSA)召开的研讨会,目的是探讨网络资源的描述①。DC包含15个元素,分别为其他责任者(contributors)、覆盖范围(coverage)、作者或创作者(author or creator)、日期(date)、描述(description)、格式(format)、资源标识符(identifier)、语种(language)、出版者(publisher)、关联(relation)、权限管理(rights)、来源(source)、主题和关键词(subject and key words)、题名(title)、类型(type)②。DC中的每个元素都是可选的、可重复的③。以上的15个元素可分为三种类型:与资源内容有关的元素、与资源知识产权有关的

① Description[EB/OL].[2016-6-22].http://dublincore.org/workshop s/dc1/general.shtml.

② Dublin Core Metadata Element Set, Version 1.1[EB/OL].[2016-6-22].http://www.dublincore.org/documents/dces/.

③ 张建聪,吴广印.面向知识导航的机构要素元数据规范及互操作[J].情报学报,2010,29(1):84-92.

元素、与资源外部属性有关的元素①。DC的元数据类别、DC的元素及其语义如表4-6和表4-7所示。

表4-6　DC的元数据类别

资源内容描述类元素	资源知识产权描述类元素	资源外部属性描述类元素
题名、主题和关键词、描述、来源、语种、关联、覆盖范围	作者或创作者、出版者、其他责任者、权限管理	日期、类型、格式、资源标识符

表4-7　DC的元素及其语义

元素	语义
题名(title)	资源的名称
主题和关键词(subject and key words)	有关资源内容的主题描述
描述(description)	对资源内容的说明
来源(source)	对一个资源的参照,当前资源是来源于这一个参照资源
语种(language)	描述资源知识内容的语种
关联(relation)	对相关资源的参照
覆盖范围(coverage)	资源内容所涉及的外延与覆盖范围
作者或创作者(author or creator)	创建资源内容的主要责任者
出版者(publisher)	使资源成为可以获得的利用状态的责任者
其他责任者(contributors)	对资源内容创建做出贡献的其他责任者
权限管理(rights)	有关资源本身所有的或被赋予的权限信息
日期(date)	与资源的创建或可获得性相关的日期
类型(type)	有关资源内容的种类或类型
格式(format)	资源的物理或数字表现形式
资源标识符(identifier)	在给定的文本环境中对资源的参照引用

2)数据集核心元数据(TR-REC-014)

中科院网络信息中心制定的《数据集核心元数据》,是面向国家科技基础条件平台建设项目基础科学数据共享网规定的各种需求层次的元数据应用所需要的最小元数据元素(简称核心元数据)。为了满足各个学科领域的特殊要求,制定了元数据扩展和元数据应用方案的规则和方法。

此标准是按照层次结构组织元数据元素,模块是标准中最大的组织单位,标准包含三个模块——描述信息、元数据参考信息及联系信息模块。主要的元素模块为前两个模块,其属于必选模块,第三个模块属于辅助模块,当使用其他模块的元素,需要引用辅助模块中的元

① 马费成,宋恩梅.信息管理学基础[M].武汉:武汉大学出版社,2015:202-205.

素时,对此模块进行引用,也就是说,这个模块不能单独使用,是用来辅助前两个模块的①。三个模块及其所包含的元数据元素如表 4-8 所示②。

表 4-8　核心元数据标准模块及其元数据元素

标准模块	元数据元素
描述信息	名称、别名、URI、关键词、简介、目的、数据分类(类目名称、分类表)、范围(时间范围、空间范围)、数据来源、类型、创建者、其他贡献者、创建日期、更新频率、数据格式、数据量(记录数、存储量)、语种、URL、关联(关联类型、关联数据集名称、关联 URI)、数据质量(数据志、质量报告)、权限声明、共享声明
元数据参考信息	元数据标准、元数据创建日期、元数据联系信息
联系信息	联系人姓名、单位、地址、传真、电话、电子邮件

数据集核心元数据分为 3 个模块,分别为描述信息、元数据参考信息和联系信息模块。前两个为必选模块,后一个为辅助模块。每个模块下面有其所包含的数据元素,共 31 个元素,每个元素的名称及其语义如表 4-9 所示。

表 4-9　数据集核心元数据的元素名称及语义

元素	语义
名称	数据集的全名
别名	数据集的其他名称
URI	创建单位赋予数据集的唯一标识符
关键词	由用户自由选取的描述数据集内容的词语
简介	对数据集内容的文本介绍
目的	对开发该数据集的目的的说明
数据分类	数据资源的内容所涉及的分类
范围	数据集内容所涉及的时间和空间范围
数据来源	对其他资源的参照,当前数据资源部分或全部源自这些参照资源
类型	对数据集所属类型的说明。对数据集的分类。在科学数据库中,数据集主要指关系型数据库和文件系统,此外,也可以将图像、音频、视频、软件等视为数据集
创建者	创建数据集的组织机构
其他贡献者	除创建者之外,对数据集内容创建做出贡献的个人或组织

① 数据集核心元数据标准[EB/OL].[2015-07-14].http://www.nsdc.cn/upload/110526/1105261308547770.pdf.

② 司莉,贾欢.科学数据的标准规范体系框架研究[J].图书馆,2016(5):5-9.

续表 4-9

元素	语义
创建日期	数据集内容的创建日期
更新频率	描述数据集在多长的时间内更新一次
数据格式	数据集或其所包含文件的数据格式,包括格式名称/格式版本
数据量	数据集所包含数据量的说明
语种	数据集内容所采用的语种
URL	数据集提供网络服务的链接地址
关联	与当前数据集或数据资源相关的其他数据集或数据资源
数据质量	记录数据集的数据质量状况的信息
权限声明	数据集所属权限的声明。典型的权限声明包括对数据集的版权声明。除版权声明外,权限声明还包含对数据集访问约束、使用约束以及其他限制的说明
共享声明	对数据集内容的共享说明,数据集允许共享的数据范围等相关说明
元数据标准	著录此数据集所采用的元数据标准的名称和版本信息
元数据创建日期	数据集元数据的创建日期
元数据联系信息	数据集元数据创建和维护者的联系信息
联系人姓名	与数据集有关的联系人员名称
单位	联系单位
地址	联系人的详细通信地址和邮政编码
传真	联系人传真号码
电话	联系人电话号码
电子邮件	联系人电子邮件地址

3)地球科学科学数据核心元数据特点分析

笔者选取的这六种元数据,包括专门用于描述地球科学的科学数据,包括 ISO 19115-1:2014、澳大利亚新西兰土地信息局元数据、地理信息元数据、NREDIS 信息共享元数据内容标准草案,以及用于描述网络信息资源的元数据 DC 和用于描述科学数据资源的数据集核心元数据。选取 DC 以及数据集核心元数据作为比较对象,是因为这两种元数据同其他四种地球科学数据的核心元数据一样,均属于核心元数据。选取这两种元数据的其他原因还有:一是笔者想比较描述地球科学数据与一般网络信息资源的核心元数据的区别;二是比较描述特定领域科学数据与描述非特定领域科学数据核心元数据的区别。从核心元数据元素数目、共同点及不同点三个方面进行比较分析。

(1)核心元数据元素数目的比较分析

由表4-10可知,DC与地球科学领域的核心元数据相比,元素数目稍微少一些。数据集核心元数据与其相比,元素数目稍微多一些。

表4-10 核心元数据元素数目的比较

元数据标准名称	元数据元素数目
ISO 19115-1:2014	18
澳大利亚新西兰土地信息局元数据	24
地理信息元数据	22
NREDIS信息共享元数据内容标准草案	18
DC	15
数据集核心元数据	31

(2)核心元数据元素的共同点

笔者对DC、数据集核心元数据分别与ISO 19115-1:2014、澳大利亚新西兰土地信息局元素、地理信息元数据、NREDIS信息共享元数据内容标准草案四种元数据的核心元数据元素的共同点进行比较分析。

通过比较DC与这四种元数据的核心元数据元素,发现这四种核心元数据元素均涉及DC中的题名(title)、主题和关键词(subject and key words)、描述(description)、覆盖范围(coverage)、日期(date)、类型(type)六种元素,为了维持表格的简洁美观,对于国外的三种元数据标准(DC、ISO 19115-1:2014、澳大利亚新西兰土地信息局元素),笔者仅将其元数据元素翻译为中文列出,详情如表4-11所示。

表4-11 DC与四种核心元数据元素的共同点

DC	ISO 19115-1:2014	澳大利亚新西兰土地信息局元素	地理信息元数据	NREDIS信息共享元数据内容标准草案
题名	资源题名	数据集题名	数据集名称	标题
主题和关键词	资源主题类别 关键词	数据集主题分类	数据集专题分类	主题关键词
描述	资源摘要 资源谱系	描述数据的摘要系谱	数据集摘要说明 数据志	摘要目的
覆盖范围	地理位置 数据集扩展信息	数据集的时间范围信息 数据集的垂直范围信息 数据集的地理位置(通过四种坐标或通过描述)	数据集地理位置 数据集覆盖范围 补充信息	西边界坐标 东边界坐标 北边界坐标 南边界坐标 开始日期 结束日期
日期	资源参考日期	数据集参考日期	数据集引用日期	出版日期
类型	资源类型	空间表示类型	空间表示类型	空间数据表示方式

除了表4-11中均有的元数据元素外,在四种元数据中,有3个语义相似或相同的元素还有“语种”。

通过比较数据集核心元数据元素与这四种元数据的核心元数据元素,发现这四种元数据均涉及数据集核心元数据中的名称、简介、范围、类型、创建日期五种元素,详情如表4-12所示。

表4-12 数据集核心元数据与四种核心元数据元素的共同点

数据集核心元数据	ISO 19115-1:2014	澳大利亚新西兰土地信息局元素	地理信息元数据	NREDIS信息共享元数据内容标准草案
名称	资源题名	数据集题名	数据集名称	标题
简介	资源摘要 资源谱系	描述数据的摘要 系谱	数据集摘要说明 数据志	摘要 目的
范围	地理位置 数据集扩展信息	数据集的地理位置 (通过四种坐标或通过描述) 数据集的时间范围信息 数据集的垂直范围信息	数据集地理位置 数据集覆盖范围 补充信息	西边界坐标 东边界坐标 北边界坐标 南边界坐标 开始日期 结束日期
类型	资源类型	空间表示类型	空间表示类型	空间数据表示方式
创建日期	资源参考日期	数据集参考日期	数据集引用日期	出版日期

除了上表中均有的元数据元素外,在四种元数据中,有3个语义相似或相同的元素还有“数据分类”“语种”“元数据创建日期”。

(3)核心元数据元素的不同点

通过比较DC与这四种元数据的核心元数据元素的不同点,发现有1~2种元数据与DC语义相似或对应的元素有“作者或创作者”“出版者”“权限管理”“格式”“资源标识符”;没有直接对应的元素有“来源”“关联”和“其他责任者”。相比DC,这四种元数据的特色元数据(即与DC中的元数据元素没有对应关系)有ISO 19115-1:2014(元数据参考信息、空间分辨率、资源在线链接),澳大利亚新西兰土地信息局元素(元数据文件标识符、元数据语言、元数据字符集、元数据文件父标识符、元数据责任方、数据集的空间分辨率、数据集字符集、参考系统、在线资源),地理信息元数据(数据集负责单位、数据集采用的字符集、数据集空间分辨率、参照系、在线资源、元数据文件标识符、元数据标准名称、元数据标准版本、元数据采用的语种、元数据采用的字符集、元数据联系方、元数据创建日期),NREDIS信息共享元数据内容标准草案(数据集内容的单一编码、进展、联系、浏览图)。

通过比较数据集核心元数据与这四种元数据的核心元数据元素的不同点,发现有1~2种元数据与数据集核心元数据语义相似或对应的元素有“URI”“关键词”“数据格式”“关联”“权限声明”“元数据标准”“元数据联系信息”“联系人姓名”“单位”。没有直接对应的元素有“别名”“目的”“数据来源”“创建者”“其他贡献者”“数据频率”“数据量”“URL”“数据质量”“共享声明”“地址”“传真”“电话”“电子邮件”。相比数据集核心元数据，这四种元数据的特色元数据（即与数据集核心元数据中的元数据元素没有对应关系）有 ISO 19115-1:2014（元数据参考信息、空间分辨率、资源在线链接），澳大利亚新西兰土地信息局元素（元数据文件标识符元数据语言、元数据字符集、元数据文件父标识符、数据集责任方、数据集的空间分辨率、数据集字符集、参考系统、在线资源），地理信息元数据（数据集采用的字符集、数据集空间分辨率、参照系、元数据文件标识符、元数据采用的语种、元数据采用的字符集），NREDIS 信息共享元数据内容标准草案（版权所有者、数据集内容的单一编码、进展）。

笔者在进行以上的对比分析后，发现相比 DC 和数据集核心元数据，ISO 19115-1:2014、澳大利亚新西兰土地信息局元素、地理信息元数据、NREDIS 信息共享元数据内容标准草案四种元数据的核心元数据元素还包括元数据的相关信息以及本领域的特色元素等方面。

4.1.2.3 地球科学科学数据元数据全集元数据及其语义

在地球科学科学数据全集元数据中，笔者选取 DIF 作为研究对象，全集元数据的元素比核心元数据元素更为丰富，更能揭示地球科学领域科学数据的特点，DIF 有 36 个元数据元素，DIF 的元数据元素和语义如表 4-13 所示。

表 4-13 DIF 的元数据元素及其语义

元数据元素	语义
<Entry_ID>（元数据记录唯一标识符）	元数据记录唯一的文件标识
<Entry_Title>（题名）	通过元数据描述的数据集的标题
<Parameters>（测量参数） <Category>（类） <Topic>（主题） <Term>（术语） <Variable_Level_1>变量级别 1 <Variable_Level_2>变量级别 2 <Variable_Level_3>变量级别 3 <Detailed_Variable>详细变量	规范的地球科学关键词 最高级别的关键词，默认为“EARTH SCIENCE” <Category>下的级别，包含 14 个 Topics <Topic>下的级别 <Term>下的级别 <Variable_Level_1>下的级别 <Variable_Level_2>下的级别 不受控制的自由文本字段
<ISO_Topic_Category>（ISO 主题分类）	被用于识别 ISO 19115-1:2014 地理信息元数据主题分类代码列表中的关键词

续表 4-13

元数据元素	语义
<Data Center>(数据中心)	负责分发数据的数据中心、组织和机构
<Data_Center_Name>(数据中心名称)	分发数据的数据中心名称
<Data_Center_URL>(数据中心的 URL)	数据中心的 URL
<Data_Set_ID>(数据集 ID)	由数据中心分配的数据集标识符(可以与<Entry_ID>一样或不一样>)
<Personnel>(联系人员)	数据的联系信息包括 name、email、phone、FAX、地址信息
<Summary>(概要)	有关数据集中数据使用目的的简单描述
<Abstract>(摘要)	数据集的简单描述
<Purpose>(目的)	数据集的目的
<Metadata_Name>(元数据名称)	DIF 标准名称
<Metadata_Version>(元数据版本)	元数据标准的版本
<Data_Set_Citation>(数据集引用)	允许作者正确引用数据集的作品
<Dataset_Creator>(数据集创建者)	开发数据集的主要责任者(组织或个人)名称
<Dataset_Editor>(数据集编辑者)	负责处理或重新处理特定数据集的个体
<Dataset_Title>(数据集题名)	数据集题名,可以与<Entry Title>一样
<Dataset_Series_Name>(数据集系列名称)	数据集系列的名称,或者是部分数据集的汇总数据
<Dataset_Release_Date>(数据集发布日期)	数据集在可供发布时的日期
<Dataset_Release_Place>(数据集发布地点)	数据集可供发布时的城市名称(以及所需的国家、州或省)
<Dataset_Publisher>(数据集出版者)	数据集可供发行的个体或组织
<Version>(版本)	数据集的版本
<Issue_Identification>(期号)	出版物的卷、期号(如果适用)
<Data_Presentation_Form>(数据表示格式)	表示数据的模式,如图集、图像、个人资料、文本
<Other_Citation_Details>(其他引用细节)	其他自由文本索引信息
<Dataset_DOI>(数据集 DOI)	数据集的数字对象标识符
<Online_Resource>(在线资源)	包含数据集的在线资源的 URL

续表 4-13

元数据元素	语义
<Personnel>(联系人员) <Role>(角色) <Investigator>(调查人员) <Technical Contact>(技术联系) <DIF Author>(DIF 作者) <First_Name>(第一名称) <Middle_Name>(中间名称) <Last_Name>(最后名称) <Email>(邮件) <Phone>(电话) <FAX>(传真) <Contact Address>(联系地址) <Address>(地址) <City>(城市) <Province or State>(省或州) <Postal Code>(邮政编码) <Country>(国家)	有关数据集或元数据更多的联系信息 用于定义<Personnel>,包括调查人员、技术联系、DIF 作者 引领描述数据获取的调查或实验人员 熟悉数据技术内容的人员 负责 DIF 内容的人员 个人或组织的第一名称 个人或组织的中间名称 个人或组织的最后名称 个人或组织的邮件地址 个人或组织的电话号码 个人或组织的传真号码 个人或组织的地址信息 个人或组织的单位名称、部门、邮站、街道地址 个人或组织的城市或城镇 省[特别是加拿大各省,地区或国家(特别是在美国)] 个人或组织的邮政编码 个人或组织的国家
<Sensor_Name>(收集资料的设备名称)	获取数据的仪器名称
<Source_Name>(平台名称/来源处名称)	获取数据的平台名称
<Temporal_Coverage>(时间覆盖范围) <Start_Date>(开始日期) <Stop_Date>(结束日期)	制定了数据被搜集的开始和结束日期 数据采集的开始日期 数据采集的结束日期
<Paleo_Temporal_Coverage>(古时间覆盖范围) <Paleo_Start_Date>(古开始时间) <Paleo_Stop_Date>(古结束时间) <Chronostratigraphic_Unit>(年代地层单位)	表示数据搜集的时间长度,使用的时间范围为 0001 年 1 月 1 日之前 在古时间范围中,数据集搜集的开始日期 在古时间范围中,数据集搜集的结束时间 描述地质时代形成的受控关键词

续表 4-13

元数据元素	语义
<Spatial_Coverage>(空间覆盖范围)	数据的地理的和垂直的(高度、深度)覆盖
<Southermost_Latitude>(南纬)	数据覆盖的最南端的地理纬度
<Northernmost_Latitude>(北纬)	数据覆盖的最北端的地理纬度
<Westernmost_Longitude>(西经)	数据覆盖的最西端的地理经度
<Easternmost_Longitude>(东经)	数据覆盖的最东端的地理经度
<Minimum_Altitude>(最低高度)	数据覆盖范围的最低高度限制
<Maximum_Altitude>(最大高度)	数据覆盖范围的最大高度限制
<Minimum_Depth>(最小深度)	数据覆盖范围最上面的深度
<Maximum_Depth>(最大深度)	数据覆盖范围最低的深度
<Location> (地理位置)	指的是地球地点的名称,在地球内部,垂直位置,或者是地球外部的位置
<Continent>(洲)	指定的洲
<Ocean>(海洋)	指定的海洋
<Geographic Region>(地理区域)	地球上的区域
<Solid Earth>(固体地球)	地球内的区域
<Space>(空间)	指定地球的外部区域,特别是地球与太阳的相互作用区
<Vertical Location>(垂直位置)	指定垂直方向区域,在大气层或海洋下
<Data_Resolution> (数据解析)	两个相邻的地理、垂直或时间值之间的差异
<Latitude_Resolution>(纬度分辨率)	两个相邻纬度值的最小差异
<Longitude_Resolution>(经度分辨率)	两个相邻经度值的最小差异
<Horizontal_Resolution_Range>(水平清晰度范围)	经/纬度的分辨率范围的控制列表
<Vertical_Resolution>(垂直分辨率)	两个相邻的垂直值之间的可能的最小差
<Vertical_Resolution_Range>(垂直分辨率范围)	垂直分辨率范围控制的列表
<Temporal_Resolution>(时间分辨率)	数据的频率取样
<Temporal_Resolution_Range>(时间分辨率范围)	时间分辨率范围控制的列表
<Project>(项目)	收集数据的科学规划、野外活动和项目的名称
<Quality>(质量)	允许作者提供用元数据描述的在提供数据质量信息或任何的生产数据过程中的保证数据质量的程序
<Access_Constraints>(访问限制)	允许作者提供获取数据集的任何约束信息,包括获取数据集的任何特殊限制、法律先决条件、限制或警告

续表 4-13

元数据元素	语义
<Use_Constraints>(使用限制)	允许作者描述,在授予访问权限,确保隐私和知识产权保护后,数据可以或不可以被使用的途径,包括使用数据集的任何的特殊限制,法律先决条件,条款条件,和/或限制
<Distribution>(分发)	描述发布数据集的媒体选择、大小、数据格式和费用
<Distribution_Media>(分发媒体)	用户接收数据的媒体选项
<Distribution_Size>(分发大小)	整个数据集的大小,如果数据被压缩,指出压缩的方法
<Distribution_Format>(分发格式)	分发数据的数据格式
<Fees>(费用)	分发媒体的费用或分发成本,没有成本(指出)
<Data_Set_Language>(数据集语言)	数据的准备、存储和描述的语言,此处指的是信息对象语言,不是用来描述或链接元数据记录的语言
<Data_Set_Progress>(数据集进度)	描述关于数据集生产状态的完整性
<Related_URL>(相关 URL)	链接到与数据相关的信息网站,如项目主页、相关的数据档案/服务器、元数据扩展、在线软件包、网络地图服务、校准/验证数据
<URL_Content_Type> (URL 内容类型)	被参考的 URL 的内容类型
<Type>(类型)	被 URL 引用的资源类型
<Subtype>(子类型)	被 URL 引用的资源子类型
<URL>(URL)	与数据集相关的资源的 URL
<Description>(描述)	由<URL>定义的资源信息
<DIF_Revision_History>(DIF 修订历史)	允许作者提供更改列表,提供追踪 DIF 内容修订的机制
<Keyword>(关键词)	辅助关键词,允许作者进一步描述数据集的单词或短语
<Originating_Center>(数据生成中心)	指最初创建数据集的数据中心或数据生产者
<Multimedia_Sample>(多媒体部分参考信息)	允许作者提供展示样本图像,短片或声音片段的信息
<File>(文件)	发现多媒体样本的文件名
<URL>(URL)	要访问的网址
<Format>(格式)	多媒体样本书件的格式,如 GIF、TIFF、JPEG
<Caption>(字幕)	多媒体样本的描述
<Description> (描述)	多媒体样本更详细地描述

续表 4-13

元数据元素	语义
<Reference>(参考书目)	关于数据集的关键书目引文
<Author>(作者)	所引用资源的个体或组织名称
<Publication Date>(出版日期)	引用资源的出版/参考日期;若未知,用"Unknown"
<Title>(题名)	引用资源的题名
<Series>(系列)	资源系列名称,或整合资源(引用资源是其中一部分)
<Edition>(版本)	引用资源的版本
<Volume>(卷)	系列或集合资源的顺序或序列
<Issue>(期)	资源的期号(常和卷一起)
<Report_Number>(报告编号)	签发机构分配给资源的唯一号码或代码
<Publication_Place>(出版地点)	资源可利用的城市名称(州或省和国家)
<Publisher>(出版者)	资源可利用的个体或组织的名称
<Pages>(页面)	引用资源的页码范围或总页数
<ISBN>(国际标准书号)	国际标准书号
<DOI>(DOI)	数字对象标识符
<Online_Resource>(在线资源)	网上资源(包含引用资源)的 URL
<Other_Reference_Details>(其他参考详情)	其他自由文本参考信息
<Parent_DIF>(父元数据记录)	关联父元数据记录和子元数据记录
<IDN_Node>(内部目录名称节点)	内部使用,识别数据集的关联、责任、所有权、服务、补充信息
<DIF_Creation_Date>(DIF 创建日期)	元数据记录创建日期
<Last_DIF_Revision_Date>(DIF 最后修订日期)	元数据记录最后一次被修订的日期
<Future_DIF_Revision_Date>(DIF 未来预定审核日期)	为了确保科学或技术内容的准确性,DIF 在未来被审查的日期
<Private>(隐私)	限制数据集的公开使用

4.2　地球科学科学数据元数据互操作方法的选取

从第 3 章可知,元数据的互操作方法可以分为语义互操作、语法和结构互操作、协议互操作三种。其中,语义互操作解决系统交互过程中语义异构的问题,较好地解决资源和服务集成过程中的语义冲突,即逻辑地屏蔽由于现实世界中分类定义的差异性导致的分类、定义及表达形式的差异性而带来的信息数据的语义不一致性,从而保证系统交互过程中信息的准确性,以及语义的完整性和最小的损失,达到彼此之间最大限度地获取有用信息的目的,是实现信息语义共享的有效途径之一①。同时,直接为用户提供信息服务的是语义元数据,因此,在元数据互操作方法中,语义互操作将发挥重要的作用。基于语义互操作的重要性,在这部分,笔者侧重研究元数据在语义层面的互操作。计划对 4.1.1 节中所选取的 ISO 19115-1:2014、澳大利亚新西兰土地信息局元数据、地理信息元数据、NREDIS 信息共享元数据内容标准草案四种元数据,在 4.3.1 节中对核心元数据进行两两映射;在 4.3.2 节中,针对四种核心元数据,分别选取 DC、数据集核心元数据、澳大利亚新西兰土地信息局元素、自建中间元数据格式作为中间元数据,分别建立其他元数据格式到中间元数据格式的映射。在 4.3.3 节中,选取了 DIF 全集元数据,基于 RDF 实现 DIF 和 DC 之间的双向映射;在 4.3.4 节中,选取地理信息元数据和数字地理空间元数据内容标准(content standard for digital geospatial metadata,CSDGM)两种全集元数据,基于概念框架实现这两种全集元数据之间的互操作;在 4.3.5 节中,提出使用本体实现科学数据元数据互操作的设想。

4.3 基于语义的地球科学科学数据元数据互操作

在本节中,笔者探讨的主要内容包括核心元数据两两映射、核心元数据中间格式映射、基于 RDF 的方法实现元数据之间的映射、基于概念框架的元数据互操作四个方面。具体如下:笔者对 ISO 19115-1:2014、澳大利亚新西兰土地信息局元素、地理信息元数据、NREDIS 信息共享元数据内容标准草案四种元数据的核心元数据元素分别建立两两的双向映射;并选取中间元数据格式(DC、数据集核心元数据、澳大利亚新西兰土地信息局元素、自建中间格式元数据),建立其他元数据元素到中间格式元数据的映射;选取 DIF 和 DC 两种元数据,用于基于 RDF 的方法实现元数据之间的映射;选取地理信息元数据和数字地理空间元数据内容标准(content standard for digital geospatial metadata,CSDGM)两种元数据,基于概念框架实现元数据之间的互操作;最后引出使用本体实现元数据互操作的设想。

4.3.1 核心元数据两两映射

核心元数据涉及 ISO 19115-1:2014、澳大利亚新西兰土地信息局元素、地理信息元数据、NREDIS 信息共享元数据内容标准草案在内的四种元数据,建立两两映射,分别为 ISO 19115-1:2014 和澳大利亚新西兰土地信息局元素、ISO 19115-1:2014 和地理信息元数据、ISO 19115-1:2014 和 NREDIS 信息共享元数据内容标准草案、澳大利亚新西兰土地信息局元素和地理信息元数据、澳大利亚新西兰土地信息局元素和 NREDIS 信息共享元数据内容标准草案、地理信息元数据和 NREDIS 信息共享元数据内容标准草案 6 对双向映射,共 12 个单向映射。

4.3.1.1 ISO 19115-1:2014 和澳大利亚新西兰土地信息局元素的映射

ISO 19115-1:2014 和澳大利亚新西兰土地信息局元素的映射包括 ISO 19115-1:2014 到澳大利亚新西兰土地信息局元素的映射,以及澳大利亚新西兰土地信息局元素到 ISO 19115-1:2014 的映射。

1) ISO 19115-1:2014 到澳大利亚新西兰土地信息局元素的映射

① 萨蕾.数字图书馆元数据基础[M].北京:中央编译出版社,2015:142-143.

依据元数据元素的语义相等或相似,笔者制定 ISO 19115-1:2014 到澳大利亚新西兰土地信息局元素的映射,如表 4-14 所示。

表 4-14　ISO 19115-1:2014 到澳大利亚新西兰土地信息局元素的映射

ISO 19115-1:2014	澳大利亚新西兰土地信息局元素
元数据参考信息(metadata reference information)	元数据文件标识符(metadata file identifier)
资源题名(resource title)	数据集题名(dataset title)
资源参考日期(resource reference date)	数据集参考日期(dataset reference date)
资源标识符(resource identifier)	—
资源联系点(resource point of contact)	数据集责任方(dataset responsible party)
地理位置(geographic location)	数据集的地理位置(通过四种坐标或通过描述)[geographic location of the dataset (by four coordinates or by description)]
资源语言(resource language)	数据集语言(dataset language)
资源主题类别(resource topic category)	数据集主题分类(dataset topic category)
空间分辨率(spatial resolution)	数据集的空间分辨率(spatial resolution of the dataset)
资源类型(resource type)	空间表示类型(spatial representation type)
资源摘要(resource abstract)	描述数据的摘要(abstract describing the data)
数据集扩展信息 [extent information for the dataset(additional)]	数据集的时间范围信息 (temporal extent information for the dataset) 数据集的垂直范围信息 (vertical extent information for the dataset)
资源谱系(resource lineage)	系谱(lineage)
资源在线链接(resource on-line link)	在线资源(on-line resource)
关键词(keywords)	—
资源访问和使用约束 (constraints on resource access and use)	—
元数据创建日期(metadata date stamp)	元数据创建日期(metadata date stamp)
元数据联系点(metadata point of contact)	元数据联系方(metadata point of contact)

2)澳大利亚新西兰土地信息局元素到 ISO 19115-1:2014 的映射

澳大利亚新西兰土地信息局元素到 ISO 19115-1:2014 的映射如表 4-15 所示。

表 4-15 澳大利亚新西兰土地信息局元素到 ISO 19115-1:2014 的映射

澳大利亚新西兰土地信息局元素	ISO 19115-1:2014
元数据文件标识符(metadata file identifier)	元数据参考信息(metadata reference information)
元数据语言(metadata language)	—
元数据字符集(metadata character set)	—
元数据文件父标识符(metadata file parent identifier)	—
元数据联系方(metadata point of contact)	元数据联系点(metadata point of contact)
元数据创建日期(metadata date stamp)	元数据创建日期(metadata date stamp)
元数据标准名称(metadata standard name)	—
元数据标准版本(metadata standard version)	—
数据集题名(dataset title)	资源题名(resource title)
数据集参考日期(dataset reference date)	资源参考日期(resource reference date)
描述数据的摘要(abstract describing the data)	资源摘要(resource abstract)
数据集责任方(dataset responsible party)	资源联系点(resource point of contact)
空间表示类型(spatial representation type)	资源类型(resource type)
数据集的空间分辨率(spatial resolution of the dataset)	—
数据集语言(dataset language)	资源语言(resource language)
数据集字符集(dataset character set)	—
数据集主题分类(dataset topic category)	资源主题类别(resource topic category)
数据集的地理位置(通过四种坐标或通过描述)[geographic location of the dataset (by four coordinates or by description)]	地理位置(geographic location)
数据集的时间范围信息 (temporal extent information for the dataset)	数据集扩展信息 [extent information for the dataset(additional)]
数据集的垂直范围信息 (vertical extent information for the dataset)	数据集扩展信息 [extent information for the dataset(additional)]
系谱(lineage)	—
参考系统(reference system)	—
分发格式(distribution format)	—
在线资源(on-line resource)	资源在线链接(resource on-line link)

4.3.1.2 ISO 19115-1:2014 和地理信息元数据的映射

ISO 19115-1:2014 和地理信息元数据的映射包括 ISO 19115-1:2014 到地理信息元数据的映射,以及地理信息元数据到 ISO 19115-1:2014 的映射。

1)ISO 19115-1:2014 到地理信息元数据的映射

ISO 19115-1:2014 到地理信息元数据的映射如表 4-16 所示。

表 4-16　ISO 19115-1:2014 到地理信息元数据的映射

ISO 19115-1:2014	地理信息元数据
元数据参考信息(metadata reference information)	元数据文件标识符
资源题名(resource title)	数据集名称
资源参考日期(resource reference date)	数据集引用日期
资源标识符(resource identifier)	—
资源联系点(resource point of contact)	元数据联系方
地理位置(geographic location)	数据集地理位置
资源语言(resource language)	数据集采用的语种
资源主题类别(resource topic category)	数据集专题分类
空间分辨率(spatial resolution)	数据集空间分辨率
资源类型(resource type)	空间表示类型
资源摘要(resource abstract)	数据集摘要说明
数据集扩展信息[extent information for the dataset(additional)]	数据集覆盖范围补充信息
资源谱系(resource lineage)	—
资源在线链接(resource on-line link)	在线资源
关键词(keywords)	—
资源访问和使用约束(constraints on resource access and use)	—
元数据创建日期(metadata date stamp)	元数据创建日期
元数据联系点(metadata point of contact)	数据集负责单位

2)地理信息元数据到 ISO 19115-1:2014 的映射

地理信息元数据到 ISO 19115-1:2014 的映射如表 4-17 所示。

表 4-17　地理信息元数据到 ISO 19115-1:2014 的映射

地理信息元数据	ISO 19115-1:2014
数据集名称	资源题名(resource title)
数据集引用日期	资源参考日期(resource reference date)
数据集负责单位	资源联系点(resource point of contact)
数据集地理位置	地理位置(geographic location)
数据集采用的语种	资源语言(resource language)
数据集采用的字符集	—
数据集专题分类	资源主题类别(resource topic category)

续表 4-17

地理信息元数据	ISO 19115-1:2014
数据集名称	资源题名(resource title)
数据集空间分辨率	空间分辨率(spatial resolution)
数据集摘要说明	资源摘要(resource abstract)
分发格式	—
数据集覆盖范围补充信息	数据集扩展信息[extent information for the dataset(additional)]
空间表示类型	资源类型(resource type)
参照系	—
数据志	资源谱系(resource lineage)
在线资源	资源在线链接(resource on-line link)
元数据文件标识符	元数据参考信息(metadata reference information)
元数据标准名称	—
元数据标准版本	—
元数据采用的语种	—
元数据采用的字符集	—
元数据联系方	元数据联系点(metadata point of contact)
元数据创建日期	元数据创建日期(metadata date stamp)

4.3.1.3 ISO 19115-1:2014 和 NREDIS 信息共享元数据内容标准草案的映射

ISO 19115-1:2014 和 NREDIS 信息共享元数据内容标准草案的映射包括 ISO 19115-1:2014 到 NREDIS 信息共享元数据内容标准草案的映射,以及 REDIS 信息共享元数据内容标准草案到 ISO 19115-1:2014 的映射。

1)ISO 19115-1:2014 到 NREDIS 信息共享元数据内容标准草案的映射

ISO 19115-1:2014 到 NREDIS 信息共享元数据内容标准草案的映射如表 4-18 所示。

表 4-18 ISO 19115-1:2014 到 NREDIS 信息共享元数据内容标准草案的映射

ISO 19115-1:2014	NREDIS 信息共享元数据内容标准草案
元数据参考信息(metadata reference information)	—
资源题名(resource title)	标题
资源参考日期(resource reference date)	出版日期
资源标识符(resource identifier)	—
资源联系点(resource point of contact)	联系

续表 4-18

ISO 19115-1:2014	NREDIS 信息共享元数据内容标准草案
地理位置(geographic location)	西边界坐标 东边界坐标 北边界坐标 南边界坐标
资源语言(resource language)	—
资源主题类别(resource topic category)	主题关键词
空间分辨率(spatial resolution)	—
资源类型(resource type)	空间数据表示方式
资源摘要(resource abstract)	摘要 目的
数据集扩展信息[extent information for the dataset(additional)]	开始日期 结束日期
资源谱系(resource lineage)	—
资源在线链接(resource on-line link)	—
关键词(keywords)	—
资源访问和使用约束(constraints on resource access and use)	—
元数据创建日期(metadata date stamp)	—
元数据联系点(metadata point of contact)	—

2)NREDIS 信息共享元数据内容标准草案到 ISO 19115-1:2014 的映射

NREDIS 信息共享元数据内容标准草案到 ISO 19115-1:2014 的映射如表 4-19 所示。

表 4-19　NREDIS 信息共享元数据内容标准草案到 ISO 19115-1:2014 的映射

NREDIS 信息共享元数据内容标准草案	ISO 19115-1:2014
标题	资源题名(resource title)
出版日期	资源参考日期(resource reference date)
作者	—
版权所有者	—
摘要	资源摘要(resource abstract) 资源谱系(resource lineage)
目的	—

续表 4-19

NREDIS 信息共享元数据 内容标准草案	ISO 19115-1:2014
主题关键词	资源主题类别(resource topic category) 关键词(keywords)
西边界坐标	地理位置(geographic location)
东边界坐标	地理位置(geographic location)
北边界坐标	地理位置(geographic location)
南边界坐标	地理位置(geographic location)
数据集内容的单一编码	—
开始日期	数据集扩展信息[extent information for the dataset(additional)]
结束日期	数据集扩展信息[extent information for the dataset(additional)]
进展	—
空间数据表示方式	资源类型(resource type)
联系	资源联系点(resource point of contact)
浏览图	—

4.3.1.4 澳大利亚新西兰土地信息局元素和地理信息元数据的映射

澳大利亚新西兰土地信息局元素和地理信息元数据的映射包括澳大利亚新西兰土地信息局元素到地理信息元数据的映射,以及地理信息元数据到澳大利亚新西兰土地信息局元素的映射。

1)澳大利亚新西兰土地信息局元素到地理信息元数据的映射

澳大利亚新西兰土地信息局元素到地理信息元数据的映射如表 4-20 所示。

表 4-20 澳大利亚新西兰土地信息局元素到地理信息元数据的映射

澳大利亚新西兰土地信息局元素	地理信息元数据
元数据文件标识符(metadata file identifier)	元数据文件标识符
元数据语言(metadata language)	元数据采用的语种
元数据字符集(metadata character set)	元数据采用的字符集
元数据文件父标识符(metadata file parent identifier)	—
元数据联系方(metadata point of contact)	元数据联系方
元数据创建日期(metadata date stamp)	元数据创建日期
元数据标准名称(metadata standard name)	元数据标准名称
元数据标准版本(metadata standard version)	元数据标准版本
数据集题名(dataset title)	数据集名称

续表 4-20

澳大利亚新西兰土地信息局元素	地理信息元数据
数据集参考日期(dataset reference date)	数据集引用日期
描述数据的摘要(abstract describing the data)	数据集摘要说明
数据集责任方(dataset responsible party)	数据集负责单位
空间表示类型(spatial representation type)	空间表示类型
数据集的空间分辨率(spatial resolution of the dataset)	数据集空间分辨率
数据集语言(dataset language)	数据集采用的语种
数据集字符集(dataset character set)	数据集采用的字符集
数据集主题分类(dataset topic category)	数据集专题分类
数据集的地理位置(通过四种坐标或通过描述)[geographic location of the dataset (by four coordinates or by description)]	数据集地理位置
数据集的时间范围信息(temporal extent information for the dataset)	数据集覆盖范围补充信息
数据集的垂直范围信息(vertical extent information for the dataset)	数据集覆盖范围补充信息
系谱(lineage)	—
参考系统(reference system)	—
分发格式(distribution format)	分发格式
在线资源(on-line resource)	在线资源

2)地理信息元数据到澳大利亚新西兰土地信息局元素的映射

地理信息元数据到澳大利亚新西兰土地信息局元素的映射如表 4-21 所示。

表 4-21　地理信息元数据到澳大利亚新西兰土地信息局元素的映射

地理信息元数据	澳大利亚新西兰土地信息局元素
数据集名称	数据集题名
数据集引用日期	数据集参考日期
数据集负责单位	数据集责任方
数据集地理位置	数据集的地理位置(通过四种坐标或通过描述)
数据集采用的语种	数据集语言
数据集采用的字符集	数据集字符集
数据集专题分类	数据集主题分类
数据集空间分辨率	数据集的空间分辨率
数据集摘要说明	描述数据的摘要
分发格式	分发格式

续表 4-21

地理信息元数据	澳大利亚新西兰土地信息局元素
数据集覆盖范围补充信息	数据集的时间范围信息 数据集的垂直范围信息
空间表示类型	空间表示类型
参照系	参考系统
数据志	系谱
在线资源	在线资源
元数据文件标识符	元数据文件标识符
元数据标准名称	元数据标准名称
元数据标准版本	元数据标准版本
元数据采用的语种	元数据语言
元数据采用的字符集	元数据字符集
元数据联系方	元数据联系方
元数据创建日期	元数据创建日期

4.3.1.5 澳大利亚新西兰土地信息局元素和 NREDIS 信息共享元数据内容标准草案的映射

澳大利亚新西兰土地信息局元素和 NREDIS 信息共享元数据内容标准草案的映射包括澳大利亚新西兰土地信息局元素到 NREDIS 信息共享元数据内容标准草案的映射，以及 NREDIS 信息共享元数据内容标准草案到澳大利亚新西兰土地信息局元素的映射。

1) 澳大利亚新西兰土地信息局元素到 NREDIS 信息共享元数据内容标准草案的映射

澳大利亚新西兰土地信息局元素到 NREDIS 信息共享元数据内容标准草案的映射如表 4-22 所示。

表 4-22 澳大利亚新西兰土地信息局元素到 NREDIS 信息共享元数据内容标准草案的映射

澳大利亚新西兰土地信息局元素	NREDIS 信息共享元数据内容标准草案
元数据文件标识符(metadata file identifier)	—
元数据语言(metadata language)	—
元数据字符集(metadata character set)	—
元数据文件父标识符(metadata file parent identifier)	—
元数据联系方(metadata point of contact)	—
元数据创建日期(metadata date stamp)	—
元数据标准名称(metadata standard name)	—
元数据标准版本(metadata standard version)	—
数据集题名(dataset title)	标题

续表 4-22

澳大利亚新西兰土地信息局元素	NREDIS 信息共享元数据内容标准草案
数据集参考日期(dataset reference date)	出版日期
描述数据的摘要(abstract describing the data)	摘要 目的
数据集责任方(dataset responsible party)	版权所有者
空间表示类型(spatial representation type)	空间数据表示方式
数据集的空间分辨率(spatial resolution of the dataset)	—
数据集语言(dataset language)	—
数据集字符集(dataset character set)	—
数据集主题分类(dataset topic category)	主题关键词
数据集的地理位置(通过四种坐标或通过描述) [geographic location of the dataset (by four coordinates or by description)]	西边界坐标 东边界坐标 北边界坐标 南边界坐标
数据集的时间范围信息 (temporal extent information for the dataset)	开始日期 结束日期
数据集的垂直范围信息 (vertical extent information for the dataset)	—
系谱(lineage)	—
参考系统(reference system)	—
分发格式(distribution format)	—
在线资源(on-line resource)	—

2) NREDIS 信息共享元数据内容标准草案到澳大利亚新西兰土地信息局元素的映射

NREDIS 信息共享元数据内容标准草案到澳大利亚新西兰土地信息局元素的映射如表 4-23 所示。

表 4-23　NREDIS 信息共享元数据内容标准草案到澳大利亚新西兰土地信息局

NREDIS 信息共享元数据内容标准草案	澳大利亚新西兰土地信息局元素
标题	数据集题名
出版日期	数据集参考日期
作者	—
版权所有者	数据集责任方
摘要	描述数据的摘要

续表 4-23

NREDIS 信息共享元数据内容标准草案	澳大利亚新西兰土地信息局元素
目的	描述数据的摘要
主题关键词	数据集主题分类
西边界坐标	数据集的地理位置(通过四种坐标或通过描述)
东边界坐标	数据集的地理位置(通过四种坐标或通过描述)
北边界坐标	数据集的地理位置(通过四种坐标或通过描述)
南边界坐标	数据集的地理位置(通过四种坐标或通过描述)
数据集内容的单一编码	—
开始日期	数据集的时间范围信息
结束日期	数据集的时间范围信息
进展	—
空间数据表示方式	空间表示类型
联系	—
浏览图	—

4.3.1.6 地理信息元数据和 NREDIS 信息共享元数据内容标准草案的映射

地理信息元数据和 NREDIS 信息共享元数据内容标准草案的映射包括地理信息元数据到 NREDIS 信息共享元数据内容标准草案的映射,以及 NREDIS 信息共享元数据内容标准草案到地理信息元数据的映射。

1)地理信息元数据到 NREDIS 信息共享元数据内容标准草案的映射

地理信息元数据到 NREDIS 信息共享元数据内容标准草案的映射如表 4-24 所示。

表 4-24 地理信息元数据到 NREDIS 信息共享元数据内容标准草案的映射

地理信息元数据	NREDIS 信息共享元数据内容标准草案
数据集名称	标题
数据集引用日期	出版日期
数据集负责单位	版权所有者
数据集地理位置	西边界坐标 东边界坐标 北边界坐标 南边界坐标
数据集采用的语种	—
数据集采用的字符集	—
数据集专题分类	主题关键词

续表 4-24

地理信息元数据	NREDIS 信息共享元数据内容标准草案
数据集空间分辨率	—
数据集摘要说明	摘要
分发格式	—
数据集覆盖范围补充信息	开始日期 结束日期
空间表示类型	空间数据表示方式
参照系	—
数据志	—
在线资源	—
元数据文件标识符	—
元数据标准名称	—
元数据标准版本	—
元数据采用的语种	—
元数据采用的字符集	—
元数据联系方	—
元数据创建日期	—

2) NREDIS 信息共享元数据内容标准草案到地理信息元数据的映射

NREDIS 信息共享元数据内容标准草案到地理信息元数据的映射如表 4-25 所示。

表 4-25　NREDIS 信息共享元数据内容标准草案到地理信息元数据的映射

NREDIS 信息共享元数据内容标准草案	地理信息元数据
标题	数据集名称
出版日期	数据集引用日期
作者	—
版权所有者	数据集负责单位
摘要	数据集摘要说明
目的	—
主题关键词	数据集专题分类
西边界坐标	数据集地理位置
东边界坐标	数据集地理位置
北边界坐标	数据集地理位置

续表 4-25

NREDIS 信息共享元数据内容标准草案	地理信息元数据
南边界坐标	数据集地理位置
数据集内容的单一编码	—
开始日期	数据集覆盖范围补充信息
结束日期	数据集覆盖范围补充信息
进展	—
空间数据表示方式	空间表示类型
联系	数据集负责单位
浏览图	—

4.3.2 核心元数据中间格式映射

首先对中间格式元数据进行选取，之后建立中间格式的映射。

1）中间格式元数据的选取

DC 是用来描述网络信息资源最广泛的元数据，数据集核心元数据用于描述不局限于任何特定领域的科学数据资源，笔者认为以 DC 和数据集核心元数据为中间格式建立其他地球科学科学数据元数据到中间格式的映射是有意义的，可以实现使用不同元数据格式描述的信息资源之间的互操作。除此之外，为了考虑地球科学科学数据本身的特点，笔者通过以上对四种地球科学科学数据元数据分别建立两两映射的经验上，再进一步比较，发现 NREDIS 信息共享元数据内容标准草案的元素不全面，可能是因为属于草案的原因，还不成熟。比较剩下的其他三种元数据，笔者认为澳大利亚新西兰土地信息局元素的元数据元素比较全面，选择澳大利亚新西兰土地信息局元素作为中间格式的元数据，笔者也试图自建一种中间元数据格式，实现其他元数据到中间元数据格式的映射。最终，笔者选择 DC、数据集核心元数据、澳大利亚新西兰土地信息局元素、自建中间格式元数据四种元数据分别作为中间格式的元数据，实现其他元数据到中间元数据格式的映射。

2）中间格式映射的建立

中间格式的映射包括以 DC 为中间格式的映射、以数据集核心元数据为中间格式的映射、以澳大利亚新西兰土地信息局元素为中间格式的映射、以自建中间格式元数据为中间格式的映射。

（1）以 DC 为中间格式的映射

以 DC 为中间元数据，建立 DC 到 ISO 19115-1:2014、澳大利亚新西兰土地信息局元素、地理信息元数据、NREDIS 信息共享元数据内容标准草案四种元数据的映射，如图 4-1 所示。在具体映射过程中，考虑到表格的美观和容量问题，针对国外的元数据，仅将其中文翻译列出，元素之间对应的详情如表 4-26 所示。

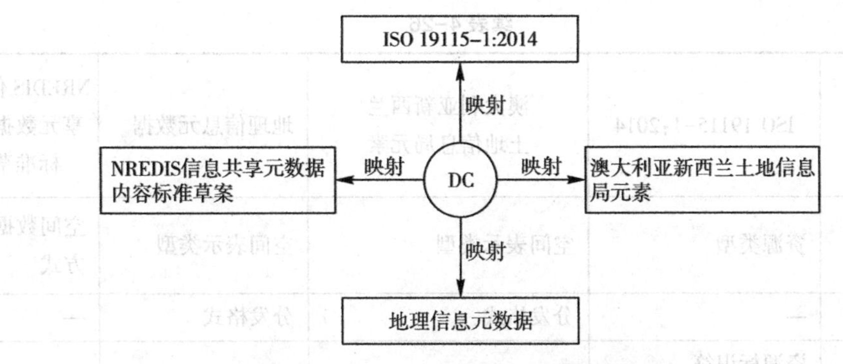

图 4-1　以 DC 为中间元数据格式的映射

表 4-26　以 DC 为中间元数据格式的映射

DC	ISO 19115-1:2014	澳大利亚新西兰土地信息局元素	地理信息元数据	NREDIS 信息共享元数据内容标准草案
题名	资源题名	数据集题名	数据集名称	标题
主题和关键词	资源主题类别 关键词	数据集主题分类	数据集专题分类	主题关键词
描述	资源摘要 资源谱系	描述数据的摘要 系谱	数据集摘要说明 数据志	摘要 目的
来源	—	—	—	—
语种	资源语言	数据集语言	数据集采用的语种	
关联	—	—	—	—
覆盖范围	地理位置 数据集扩展信息	数据集的时间范围信息 数据集的垂直范围信息 数据集的地理位置(通过四种坐标或通过描述)	数据集地理位置 数据集覆盖范围 补充信息	西边界坐标 东边界坐标 北边界坐标 南边界坐标 开始日期 结束日期
作者或创作者	—	—	—	作者
出版者	—	—	—	版权所有者
其他责任者	—	—	—	—
权限管理	资源访问和使用约束	—	—	—
日期	资源参考日期	数据集参考日期	数据集引用日期	出版日期

续表 4-26

DC	ISO 19115-1:2014	澳大利亚新西兰土地信息局元素	地理信息元数据	NREDIS 信息共享元数据内容标准草案
类型	资源类型	空间表示类型	空间表示类型	空间数据表示方式
格式	—	分发格式	分发格式	—
资源标识符	资源标识符	—	—	—

(2)以数据集核心元数据为中间格式的映射

以数据集核心元数据为中间元数据,建立数据集核心元数据到 ISO 19115-1:2014、澳大利亚新西兰土地信息局元素、地理信息元数据、NREDIS 信息共享元数据内容标准草案四种元数据的映射,如图 4-2 所示,元素之间对应的详情如表 4-27 所示。

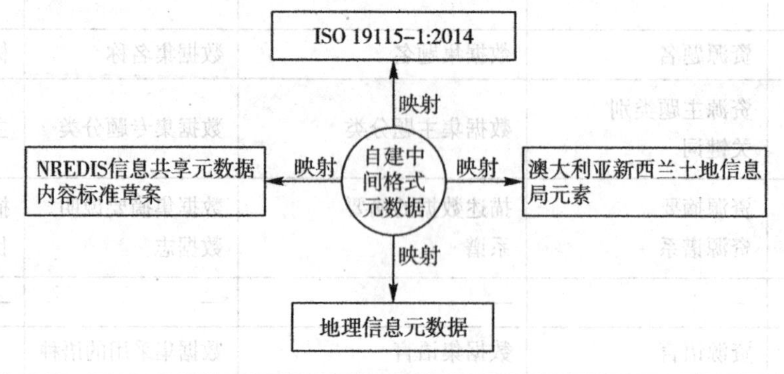

图 4-2 以数据集核心元数据为中间元数据格式的映射

表 4-27 以数据集核心元数据为中间元数据格式的映射

数据集核心元数据	ISO 19115-1:2014	澳大利亚新西兰土地信息局元素	地理信息元数据	NREDIS 信息共享元数据内容标准草案
名称	资源题名	数据集题名	数据集名称	标题
别名	—	—	—	—
URI	资源标识符	—	—	—
关键词	关键词	—	—	主题关键词
简介	资源摘要 资源谱系	描述数据的摘要谱系	数据集摘要说明 数据志	摘要 目的
目的	—	—	—	—
数据分类	资源主题类别	数据集主题分类	数据集专题分类	—

续表 4-27

数据集核心元数据	ISO 19115-1:2014	澳大利亚新西兰土地信息局元素	地理信息元数据	NREDIS 信息共享元数据内容标准草案
范围	地理位置 数据集扩展信息	数据集的地理位置(通过四种坐标或通过描述) 数据集的时间范围信息 数据集的垂直范围信息	数据集地理位置 数据集覆盖范围补充信息	西边界坐标 东边界坐标 北边界坐标 南边界坐标 开始日期 结束日期
数据来源	—	—	—	—
类型	资源类型	空间表示类型	空间表示类型	空间数据表示方式
创建者	—	—	—	作者
其他贡献者	—	—	—	—
创建日期	资源参考日期	数据集参考日期	数据集引用日期	出版日期
数据频率	—	—	—	—
数据格式	—	分发格式	分发格式	—
数据量	—	—	—	—
语种	资源语言	数据集语言	数据集采用的语种	—
URL	—	—	—	—
关联	—	—	在线资源	—
数据质量	—	—	—	—
权限声明	资源访问和使用约束	—	—	—
共享声明	—	—	—	—
元数据标准	—	元数据标准名称 元数据标准版本	元数据标准名称 元数据标准版本	—
元数据创建日期	元数据创建日期	元数据创建日期	元数据创建日期	—
元数据联系信息	元数据联系点	元数据联系方	元数据联系方	联系
联系人姓名	资源联系点	—	—	—
单位	资源联系点	—	数据集负责单位	—

续表 4-27

数据集核心元数据	ISO 19115-1:2014	澳大利亚新西兰土地信息局元素	地理信息元数据	NREDIS 信息共享元数据内容标准草案
地址	—	—	—	—
传真	—	—	—	—
电话	—	—	—	—
电子邮件	—	—	—	—

(3)以澳大利亚新西兰土地信息局元素为中间格式的映射

以澳大利亚新西兰土地信息局元素为中间元数据,建立澳大利亚新西兰土地信息局元素到 ISO 19115-1:2014、地理信息元数据、NREDIS 信息共享元数据内容标准草案三种元数据的映射,如图 4-3 所示,元素之间对应的详情如表 4-28 所示。

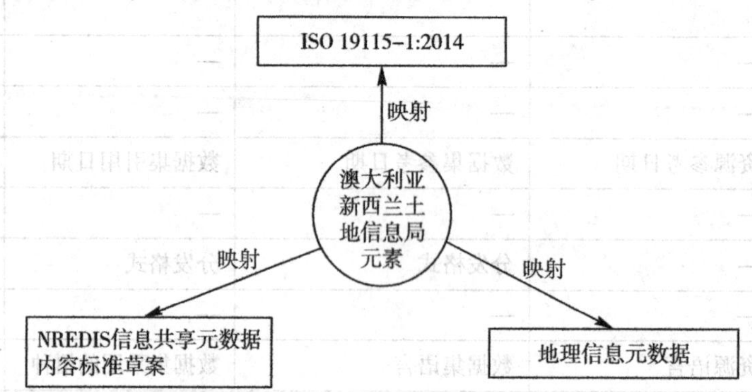

图 4-3 以澳大利亚新西兰土地信息局元素为中间元数据格式的映射

表 4-28 以澳大利亚新西兰土地信息局元素为中间元数据格式的映射

澳大利亚新西兰土地信息局元素	ISO 19115-1:2014	地理信息元数据	NREDIS 信息共享元数据内容标准草案
元数据文件标识符	元数据参考信息	元数据文件标识符	—
元数据语言	—	元数据采用的语种	—
元数据字符集	—	元数据采用的字符集	—
元数据文件父标识符	—	—	—
元数据联系方	元数据联系点	元数据联系方	—
元数据创建日期	元数据创建日期	元数据创建日期	—
元数据标准名称	—	元数据标准名称	—
元数据标准版本	—	元数据标准版本	—

续表 4-28

澳大利亚新西兰土地信息局元素	ISO 19115-1:2014	地理信息元数据	NREDIS 信息共享元数据内容标准草案
数据集题名	资源题名	数据集名称	标题
数据集参考日期	资源参考日期	数据集引用日期	出版日期
描述数据的摘要	资源摘要	数据集摘要说明	摘要 目的
数据集责任方	资源联系点	数据集负责单位	版权所有者
空间表示类型	资源类型	空间表示类型	空间数据表示方式
数据集的空间分辨率	—	数据集空间分辨率	—
数据集语言	资源语言	数据集采用的语种	—
数据集字符集	—	数据集采用的字符集	—
数据集主题分类	资源主题类别	数据集专题分类	主题关键词
数据集的地理位置(通过四种坐标或通过描述)	地理位置	数据集地理位置	西边界坐标 东边界坐标 北边界坐标 南边界坐标
数据集的时间范围信息	数据集扩展信息	数据集覆盖范围补充信息	开始日期 结束日期
数据集的垂直范围信息	数据集扩展信息	数据集覆盖范围补充信息	—
系谱	—	—	—
参考系统	—	—	—
分发格式	—	分发格式	—
在线资源	资源在线链接	在线资源	—

(4)以自建中间格式元数据为中间格式的映射

DC、数据集核心元数据、澳大利亚新西兰土地信息局元素是已经存在的元数据格式,笔者计划依据四种元数据的元素出现次数,重新建立一种中间格式的元数据,在科学数据系统或平台并没有规定必须转换成某种特定的现有元数据格式的情况下,可以考虑以自建的元数据格式作为中间格式。笔者选取中间格式的元数据元素的办法,是在四种元数据格式中,先将相等或相似语义的元素列在同一行中,将出现两次及以上的元素均纳入中间元数据。比较分析,选取出现频率较高或概括性较强的元素名称,作为自建中间格式元数据的元素。元数据元素出现两次及以上的元数据元素共 23 个,其名称、次数及语义如表 4-29 所示(将描述数据集的列在表的上方,将描述元数据的元素列在表的后边)。

表 4-29　自建中间格式元数据的元素名称、次数及语义

元素名称	次数	语义
数据集题名	4	数据集的标题
数据集主题分类	4	描述数据集的主题
关键词	2	为了索引和搜索,描述资源的字词或短语
摘要	4	对数据集内容的简要描述
数据集覆盖范围信息	4	数据集的时间或垂直范围
数据集的空间分辨率	3	指像素所代表的地面范围的大小,即扫描仪的瞬时视场,或地面物体能分辨的最小单元
空间表示类型	4	空间数据表示方式(矢量、栅格、遥感影像、多媒体、文档、图表、自由文本)
数据集参考日期	4	与资源的创建或可获得性相关的日期
数据集地理位置	3	描述数据集位置的地理描述或坐标(维度/经度)
数据集谱系	3	生产数据的来源或生产过程
数据集字符集	2	数据集采用的字符编码标准全名
在线资源	3	可以获取数据集、规范、领域专用标准名称和扩展的元数据元素的在线资源信息
参照系统	2	数据集采用的空间和时间参照系说明
分发格式	2	分发数据的格式说明
数据集负责方	4	与数据集有关的负责人和单位的标识及联系方法
数据集语种	3	数据集采用的语种
元数据标准名称	2	执行的元数据标准(包括专用标准)名称
元数据标准版本	2	执行的元数据标准(专用标准)版本
元数据创建日期	3	元数据创建的日期
元数据字符集	2	元数据集采用的字符编码标准的全名
元数据联系方	2	与数据集有关的负责人和单位的标识及联系方法
元数据语言	2	元数据采用的语言
元数据唯一标识符	3	元数据文件的唯一标识符

以自建中间格式元数据为中间元数据,建立自建中间格式元数据到 ISO 19115-1:2014、澳大利亚新西兰土地信息局元素、地理信息元数据、NREDIS 信息共享元数据内容标准草案四种元数据的映射,如图 4-4 所示,元素之间的对应详情如表 4-30 所示。

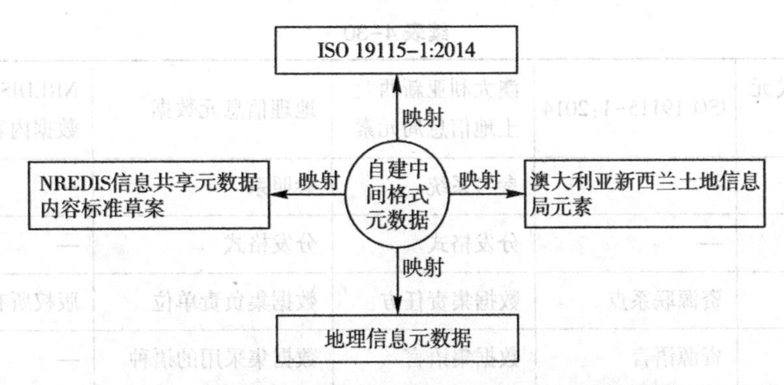

图 4-4　以自建中间格式元数据为中间元数据格式的映射

表 4-30　以自建中间格式元数据为中间元数据格式的映射

自建中间格式元数据	ISO 19115-1:2014	澳大利亚新西兰土地信息局元素	地理信息元数据	NREDIS 信息共享元数据内容标准草案
数据集题名	资源题名	数据集题名	数据集名称	标题
数据集主题分类	资源主题类别	数据集主题分类	数据集专题分类	主题关键词
关键词	关键词	—	—	主题关键词
摘要	资源摘要	描述数据的摘要	数据集摘要说明	摘要
数据集覆盖范围信息	数据集扩展信息	数据集的时间范围信息 数据集的垂直范围信息	数据集覆盖范围补充信息	西边界坐标 东边界坐标 北边界坐标 南边界坐标 开始日期 结束日期
数据集的空间分辨率	空间分辨率	数据集的空间分辨率	数据集空间分辨率	
空间表示类型	资源类型	空间表示类型	空间表示类型	空间数据表示方式
数据集参考日期	资源参考日期	数据集参考日期	数据集参考日期	出版日期
数据集地理位置	地理位置	数据集的地理位置（通过四种坐标或通过描述）	数据集地理位置	—
数据集谱系	资源谱系	系谱	数据志	—
数据集字符集	—	数据集字符集	数据集采用的字符集	—
在线资源	资源在线链接	在线资源	在线资源	—

续表 4-30

自建中间格式元数据	ISO 19115-1:2014	澳大利亚新西兰土地信息局元素	地理信息元数据	NREDIS 信息共享元数据内容标准草案
参照系统	—	参考系统	参照系	—
分发格式	—	分发格式	分发格式	—
数据集负责方	资源联系点	数据集责任方	数据集负责单位	版权所有者
数据集语种	资源语言	数据集语言	数据集采用的语种	—
元数据标准名称	—	元数据标准名称	元数据标准名称	—
元数据标准版本	—	元数据标准版本	元数据标准版本	—
元数据创建日期	元数据创建日期	元数据创建日期	元数据创建日期	—
元数据字符集	—	元数据字符集	元数据采用的字符集	—
元数据联系方	元数据联系点	—	元数据联系方	—
元数据语言	—	元数据语言	元数据采用的语种	—
元数据唯一标识符	元数据参考信息	元数据文件标识符	元数据文件标识符	—

4.3.3 基于 RDF 的方法实现元数据之间的映射

在 4.3.1 节和 4.3.2 节中，即两两映射和中间格式映射相关章节，元数据之间建立映射，依据的是元素的语义是否相等或相似。将 RDF 使用到建立元数据映射的过程当中，可以丰富及精确地表达元素与元素之间的关系，笔者选取全集元数据 DIF 和使用最广泛的描述网络信息资源的元数据 DC，建立这两种元数据之间的双向映射。在建立映射的过程当中，需要在目标元数据元素当中，寻找与源元数据元素对应的元素。由于是基于 RDF 的语义映射，不再局限于元素之间的相等或相似关系，可以对元素之间的关系进行扩展。笔者在建立映射的过程当中，发现可以用四种关系来表达两种元数据之间的关系，分别为：与……同义、是……的组成部分、组成部分为、相关。相关表述不属于前三种关系的一般关系。笔者参考已有研究[①]，制定 GCMD 目录交换格式（directory interchange format，DIF）到都柏林核心元数据计划元素集（1.1）的映射。DC 到 DIF 的映射和 DIF 到 DC 的映射如表 4-31 和表 4-32 所示，在表中，“-”代表“下位类”，例如<Parameters>（测量参数）-<Category>（类）- <Topic>（主题）中，“类”是“测量参数”的下位类，“主题”是“类”的下位类[②]。

---

① Dublin Core Element Set to GCMD DIF[EB/OL].[2016-7-14].

② http://gcmd.nasa.gov/add/standards/dublin_to_dif.html.

表 4-31　DC 到 DIF 的映射

主语(DC)	谓语	宾语(DIF)
题名(title)	与……同义 与……同义 相关	<Entry_Title>(题名) <Data_Set_Citation>-<Dataset_Title>(数据集题名) <Data_Set_Citation>-<Dataset_Series_Name>(数据集系列名称)
主题和关键词(subject and key words)	组成部分为 组成部分为 组成部分为	<Parameters>(测量参数) <ISO_Topic_Category>(ISO 主题分类) <Keyword>(关键词)
描述(description)	是……的组成部分 与……同义	<Summary>(概要) <Abstract>(摘要)
来源(source)	与……同义 组成部分为 组成部分为	<Related_URL>(相关 URL) <Multimedia_Sample>(多媒体部分参考信息) <Reference>(参考书目)
语种(language)	与……同义	<Data_Set_Language>(数据集语言)
关联(relation)	组成部分为 与……同义 组成部分为 组成部分为	<Data_Set_Citation>- <Online_Resource>(在线资源) <Related_URL>(相关 URL) <Multimedia_Sample>(多媒体部分参考信息) <Reference>(参考书目)
覆盖范围(coverage)	组成部分为 组成部分为 组成部分为 组成部分为	<Temporal_Coverage>(时间覆盖范围) <Paleo_Temporal_Coverage>(古时间覆盖范围) <Spatial_Coverage>(空间覆盖范围) <Location> (地理位置)
作者或创作者(author or creator)	相关 与……同义 相关 相关	<Originating_Center>(数据生成中心) <Data_Set_Citation>- <Dataset_Creator>(数据集创建者) <Dataset_Editor>(数据集编辑者) <Personnel>- <Role>- <Investigator>(调查人员)

续表 4-31

主语(DC)	谓语	宾语(DIF)
出版者(publisher)	与……同义 相关 相关	<Data_Set_Citation>- <Dataset_Publisher>(数据集出版者) <Data Center>-<Data_Center_Name>(数据中心名称) <Data Center>-<Data_Center_URL>(数据中心的 URL)
其他责任者(contributors)	组成部分为 组成部分为 组成部分为	<Personnel>- <Role>- <Investigator>(调查人员) <Personnel>- <Role>- <Technical Contact>(技术联系) <Personnel>- <Role>- <DIF Author>(DIF 作者)
权限管理(rights)	组成部分为 组成部分为 组成部分为	<Access_Constraints>(访问限制) <Use_Constraints>(使用限制) <Private>(隐私)
日期(date)	组成部分为 组成部分为 组成部分为 相关	<Data_Set_Citation>- <Dataset_Release_Date>(数据集发布日期) <DIF_Creation_Date>(DIF 创建日期) <Last_DIF_Revision_Date>(DIF 最后修订日期) <Future_DIF_Revision_Date>(DIF 未来预定审核日期)
类型(type)	与……同义	<Data_Set_Citation>-<Data_Presentation_Form>(数据表示格式)
格式(format)	与……同义	<Distribution>- <Distribution_Format>(分发格式)
资源标识符(identifier)	与……同义 与……同义 相关 与……同义	<Entry_ID>(元数据记录唯一标识符) <Data Center>- <Data_Set_ID>(数据集 ID) <Data_Set_Citation>- <Online_Resource>(在线资源) <Data_Set_Citation>- <Dataset_DOI>(数据集 DOI)

表 4-32 DIF 到 DC 的映射

主语(DIF)	谓语	宾语(DC)
<Entry_ID>(元数据记录唯一标识符)	与……同义	资源标识符(identifier)
<Entry_Title>(题名)	与……同义	题名(title)

续表 4-32

主语(DIF)	谓语	宾语(DC)
<Parameters>(测量参数) <Parameters>-<Category>(类) <Parameters>-<Category>- <Topic>(主题) <Parameters>-<Category>-<Topic>-<Term>(术语) <Parameters>-<Category>-<Topic>-<Term>-<Variable_Level_1>变量级别 1 <Parameters>-<Category>-<Topic>-<Term>-<Variable_Level_1>-<Variable_Level_2>变量级别 2 <Parameters>-<Category>-<Topic>-<Term>-<Variable_Level_1>-<Variable_Level_2>-<Variable_Level_3>变量级别 3 <Parameters>-<Category>-<Topic>-<Term>-<Variable_Level_1>-<Variable_Level_2>-<Variable_Level_3>-<Detailed_Variable>详细变量	是……的组成部分	主题和关键词(subject and key words)
<ISO_Topic_Category>(ISO 主题分类)	是……的组成部分	主题和关键词(subject and key words)
<Data Center>(数据中心) <Data Center>-<Data_Center_Name>(数据中心名称) <Data Center>-<Data_Center_URL>(数据中心的 URL) <Data Center>-<Data_Set_ID>(数据集 ID) <Personnel>(联系人员)	与……同义 与……同义	出版者(publisher) 资源标识符(identifier)
<Summary>(概要) <Summary>-<Abstract>(摘要) <Summary>-<Purpose>(目的)	组成部分为 与……同义	描述(description) 描述(description)
<Metadata_Name>(元数据名称)	—	—
<Metadata_Version>(元数据版本)		

续表 4-32

主语(DIF)	谓语	宾语(DC)
<Data_Set_Citation>(数据集引用) <Data_Set_Citation>-<Dataset_Creator>(数据集创建者) <Data_Set_Citation>-<Dataset_Editor>(数据集编辑者) <Data_Set_Citation>-<Dataset_Title>(数据集题名) <Data_Set_Citation>-<Dataset_Series_Name>(数据集系列名称) <Data_Set_Citation>-<Dataset_Release_Date>(数据集发布日期) <Data_Set_Citation>-<Dataset_Release_Place>(数据集发布地点) <Data_Set_Citation>-<Dataset_Publisher>(数据集出版者) <Data_Set_Citation>-<Version>(版本) <Data_Set_Citation>-<Issue_Identification>(期号) <Data_Set_Citation>-<Data_Presentation_Form>(数据表示格式) <Data_Set_Citation>-<Other_Citation_Details>(其他引用细节) <Data_Set_Citation>-<Dataset_DOI>(数据集 DOI) <Data_Set_Citation>-<Online_Resource>(在线资源)	与……同义 相关 与……同义 相关 是……的组成部分 与……同义 与……同义 与……同义	作者或创作者(Author or Creator) 作者或创作者(Author or Creator) 题名(title) 题名(title) 日期(date) 出版者(publisher) 类型(type) 资源标识符(identifier)
<Personnel>(联系人员) <Personnel>-<Role>(角色) <Personnel>-<Investigator>(调查人员) <Personnel>-<Technical Contact>(技术联系) <Personnel>-<DIF Author>(DIF 作者) <Personnel>-<First_Name>(第一名称) <Personnel>-<Middle_Name>(中间名称) <Personnel>-<Last_Name>(最后名称) <Personnel>-<Email>(邮件) <Personnel>-<Phone>(电话) <Personnel>-<FAX>(传真) <Personnel>-<Contact Address>(联系地址) <Personnel>-<Contact Address>-<Address>(地址) <Personnel>-<Contact Address>-<City>(城市) <Personnel>-<Contact Address>-<Province or State>(省或州) <Personnel>-<Contact Address>-<Postal Code>(邮政编码) <Personnel>-<Contact Address>-<Country>(国家)	与……同义 是……的组成部分 是……的组成部分	其他责任者(contributors) 其他责任者(contributors) 其他责任者(contributors)
<Sensor_Name>(收集资料的设备名称)	—	—
<Source_Name>(平台名称/来源处名称)	—	—

续表 4-32

主语(DIF)	谓语	宾语(DC)
<Temporal_Coverage>(时间覆盖范围) <Temporal_Coverage>-<Start_Date>(开始日期) <Temporal_Coverage>-<Stop_Date>(结束日期)	是……的组成部分	覆盖范围(coverage)
<Paleo_Temporal_Coverage>(古时间覆盖范围) <Paleo_Temporal_Coverage>-<Paleo_Start_Date>(古开始时间) <Paleo_Temporal_Coverage>-<Paleo_Stop_Date>(古结束时间) <Paleo_Temporal_Coverage>-<Chronostratigraphic_Unit>(年代地层单位)	是……的组成部分	覆盖范围(coverage)
<Spatial_Coverage>(空间覆盖范围) <Spatial_Coverage>-<Southermost_Latitude>(南纬) <Spatial_Coverage>-<Northernmost_Latitude>(北纬) <Spatial_Coverage>-<Westernmost_Longitude>(西经) <Spatial_Coverage>-<Easternmost_Longitude>(东经) <Spatial_Coverage>-<Minimum_Altitude>(最低高度) <Spatial_Coverage>-<Maximum_Altitude>(最大高度) <Spatial_Coverage>-<Minimum_Depth>(最小深度) <Spatial_Coverage>-<Maximum_Depth>(最大深度)	是……的组成部分	覆盖范围(coverage)
<Location> (地理位置) <Location>-<Continent>(洲) <Location>-<Ocean>(海洋) <Location>-<Geographic Region>(地理区域) <Location>-<Solid Earth>(固体地球) <Location>-<Space>(空间) <Location>-<Vertical Location>(垂直位置)	是……的组成部分	覆盖范围(coverage)
<Data_Resolution> (数据解析) <Data_Resolution>-<Latitude_Resolution>(纬度分辨率) <Data_Resolution>-<Longitude_Resolution>(经度分辨率) <Data_Resolution>-<Horizontal_Resolution_Range>(水平清晰度范围) <Data_Resolution>-<Vertical_Resolution>(垂直分辨率) <Data_Resolution>-<Vertical_Resolution_Range>(垂直分辨率范围) <Data_Resolution>-<Temporal_Resolution>(时间分辨率) <Data_Resolution>-<Temporal_Resolution_Range>(时间分辨率范围)	—	—

续表 4-32

主语(DIF)	谓语	宾语(DC)
<Project>(项目)	—	—
<Quality>(质量)	—	—
<Access_Constraints>(访问限制)	是……的组成部分	权限管理(rights)
<Use_Constraints>(使用限制)	是……的组成部分	权限管理(rights)
<Distribution>(分发) <Distribution>-<Distribution_Media>(分发媒体) <Distribution>-<Distribution_Size>(分发大小) <Distribution>-<Distribution_Format>(分发格式) <Distribution>-<Fees>(费用)	与……同义	格式(format)
<Data_Set_Language>(数据集语言)	与……同义	语种(language)
<Data_Set_Progress>(数据集进度)	—	—
<Related_URL>(相关 URL) <Related_URL>-<URL_Content_Type>(URL 内容类型) <Related_URL>-<URL_Content_Type>-<Type>(类型) <Related_URL>-<URL_Content_Type>-<Subtype>(子类型) <Related_URL>-<URL>(URL) <Related_URL>-<Description>(描述)	与……同义	关联(relation)
<DIF_Revision_History>(DIF 修订历史)	—	—
<Keyword>(关键词)	是……的组成部分	主题和关键词(Subject and Key words)
<Originating_Center>(数据生成中心)	—	—
<Multimedia_Sample>(多媒体部分参考信息) <Multimedia_Sample>- <File>(文件) <Multimedia_Sample>- <URL>(URL) <Multimedia_Sample>- <Format>(格式) <Multimedia_Sample>- <Caption>(字幕) <Multimedia_Sample>- <Description>(描述)	是……的组成部分	来源(source)

续表 4-32

主语(DIF)	谓语	宾语(DC)
<Reference>(参考书目)		
<Reference>-<Author>(作者)		
<Reference>-<Publication Date>(出版日期)		
<Reference>-<Title>(题名)		
<Reference>-<Series>(系列)		
<Reference>-<Edition>(版本)		
<Reference>-<Volume>(卷)	是……的组成部分	来源(source)
<Reference>-<Issue>(期)		
<Reference>- <Report_Number>(报告编号)	相关	资源标识符(identifier)
<Reference>-<Publication_Place>(出版地点)	相关	资源标识符(identifier)
<Reference>- <Publisher>(出版者)		
<Reference>-<Pages>(页面)		
<Reference>-<ISBN>(国际标准书号)		
<Reference>- <DOI>(DOI)		
<Reference>-<Online_Resource>(在线资源)		
<Reference>-<Other_Reference_Details>(其他参考详情)		
<Parent_DIF>(父元数据记录)	—	—
<IDN_Node>(内部目录名称节点)	—	—
<DIF_Creation_Date>(DIF创建日期)	是……的组成部分	日期(date)
<Last_DIF_Revision_Date>(DIF最后修订日期)	是……的组成部分	日期(date)
<Future_DIF_Revision_Date>(DIF未来预定审核日期)	相关	日期(date)
<Private>(隐私)	是……的组成部分	权限管理(rights)

4.3.4 基于概念框架的元数据互操作

笔者在上文中分别研究了核心元数据之间的互操作,以及核心元数据与全集元数据之间的互操作,考虑到对科学数据资源的描述需要详细揭示的情况,在本小节,探讨全集元数据与全集元数据之间的互操作,与上文直接对元数据的元素建立映射不同,本小节先建立概念框架,将元数据元素对应于相应的部分当中,并建立两种元数据之间的映射,实现元数据之间的互操作。

笔者参考元数据应该回答的基本问题,包括数据集的基本信息、数据集的责任者、数据的分发、元数据的相关信息等方面,结合4.3.2节中自建的中间元数据格式,判断揭示地球科学科学数据的重要方面，从用户的角度出发，即便于用户在使用数据集前，需要了解数据集信息的角度，建立揭示数据集信息的基本方面的元数据分类，包括数据集基本描述信息、数据集覆盖范围信息、数据集空间表示类型、分辨率、数据分发格式、数据集负责方、元数据相关信息七个类别。接下来，在地理信息元数据元素中，选取对应于这七个类别的元素，在选择的过程当中，有的类包含的元素较多时，结合地理信息元数据中设置的必选元素[必选元素为《地理信息　元数据》(GB/T 19710—2005)文件中的重要元素，是描述和揭示数据相关内容的基本信息]，如数据集覆盖范围信息；当类的子集较少时，不限于必选元素，将其元素全部罗列，如分辨率、数据分发格式，数据集负责方；数据集基本描述信息类，以及元数据相关信息，主要参考自建的中间元数据格式中的元素，数据集空间表示类型，将其代码表中的元素全部罗列。七个类别所描述的信息如表4-33所示。地理信息元数据元素及其定义如表4-34所示。

表4-33　概念框架中划分的类别及其定义

类别	定义
数据集基本描述信息	标识资源所需的基本信息
数据集覆盖范围信息	有关平面、垂向和时间覆盖范围信息
数据集空间表示类型	用于表示数据集中地理信息的方法
分辨率	用比例因子或地面距离表示的资源详细程度
数据分发格式	计算机语言的结构说明，确定数据对象在记录、文件、通讯、存储设备和传输通道中的表示方法
数据集负责方	与数据集有关的负责人和单位的标识及联系方法
元数据相关信息	描述元数据的相关信息

表4-34　地理信息元数据元素及其定义

分类	地理信息元数据元素	定义
数据集基本描述信息	名称	已知的引用资料的名称
	别名	已知引用资料的缩写名或用其他语言表示的名称
	专题类型	数据集的主题
	负责人名	负责人姓名、头衔
	负责单位名	负责单位名
	职务	负责人角色或职务
	关键字	用于描述主题的通用词、形式化词或短语
	摘要	资源内容的简单说明
	目的	资源开发目的的说明
	日期	引用资料的有关日期
	版本日期	出版日期
	语种	数据集采用的语言

续表 4-34

分类	地理信息元数据元素	定义
数据集覆盖范围信息	多边形(地理覆盖范围)	定义边界多边形的点集
	西边经度(地理覆盖范围)	数据集覆盖范围最西边坐标,用十进制度表示的经度(东半球为正)
	东边经度(地理覆盖范围)	数据集覆盖范围最东边坐标,用十进制度表示的经度(东半球为正)
	南边纬度(地理覆盖范围)	数据集覆盖范围最南边坐标,用十进制度表示的纬度(北半球为正)
	北边纬度(地理覆盖范围)	数据集覆盖范围最北边坐标,用十进制度表示的纬度(北半球为正)
	地理标识符(地理覆盖范围)	用于说明地理区域范围的标识符
	覆盖范围(时间覆盖范围)	数据集内容的日期和时间
	空间覆盖范围(时间覆盖范围)	组成空间和时间覆盖范围的空间覆盖范围组成部分
	最小值(垂向覆盖范围)	数据集内容的垂向覆盖范围最低值
	最大值(垂向覆盖范围)	数据集内容的垂向覆盖范围最高值
	度量单位(垂向覆盖范围)	用于垂向覆盖范围信息的度量单位。例如:米、百帕
	垂向基准(垂向覆盖范围)	度量垂向覆盖范围最大值和最小值的原点信息
数据集空间表示类型	矢量	用于表示地理数据的矢量数据
	格网	用于表示地理数据的格网数据
	文字表格	用于表示地理数据的文本或表格数据
	三角网	不规则三角网
	立体模型	重叠像对的同名光线相交形成的三维视图
	录像	记录的视频场景
分辨率	等效比例尺分母	用类似硬拷贝地图或海图的比例尺表示的资源详细程度
	采样间隔	地面的采样间隔

续表 4-34

分类	地理信息元数据元素	定义
数据分发格式	名称	数据传输格式的名称
	版本	格式版本(日期、版本号等)
	修订号	格式版本的修订号
	规范	格式的子集、专用标准或产品规范名称
	文件解压缩技术	能够用来对经过压缩的资源进行读取或解压的算法或处理说明
	分发方格式	分发方的格式信息
数据集负责方	负责人名	负责人姓名、头衔,用分隔符隔开
	负责单位名	负责单位名
	职务	负责人角色或职务
	联系信息	负责单位地址
	职责	负责单位职责
元数据相关信息	元数据标准名称	执行的元数据标准(包括专用标准)名称
	元数据标准版本	执行的元数据标准(专用标准)版本
	元数据创建日期	元数据创建的日期
	字符集	元数据集采用的字符编码标准的全名
	联系单位	对元数据信息负责的单位
	语种	元数据采用的语言
	文件标识符	元数据文件的唯一标识符

按照所划分的七个大类,笔者在 CSDGM 中选取包含于七个大类的元素,由于 CSDGM 并未指明哪些元数据为必选元素,哪些为可选元素,哪些为条件必选元素,笔者在选取的过程当中,主要参考表中与地理信息元数据元素对应的元素,为后面建立两种元数据标准元素之间的映射奠定基础,这样的选取办法,自然排除了与地理信息元数据中元素的不匹配的元素,详情如表 4-35 所示。

表 4-35　CSDGM 元数据元素及其定义

分类	CSDGM 元素	定义
数据集基本描述信息	题名(title)	数据集的名称
	摘要(abstract)	对数据集的简要叙述性总结
	目的(purpose)	概述了开发数据集的意图
	补充信息(supplemental information)	关于数据集的其他描述性信息
	创建者(originator)	创建者-开发数据集的组织或个人的名称
	关键词(keywords)	概括数据集的一个方面的词或短语
	地方关键字词表(place keyword thesaurus)	引用正式注册的词库或地方关键字的相似权威来源
	地方关键字(place keyword)	数据集覆盖的地理位置的地理名称
	层关键字词表(stratum keyword thesaurus)	引用正式注册的词库或类似的权威来源的层关键词
	层关键字(stratum keyword)	用于描述数据集所覆盖的位置的垂直位置的名称
	主题(theme)	数据集涵盖的主题
	主题关键词词表(theme keyword thesaurus)	引用正式注册的同义词库或类似的权威来源的主题关键词
	主题关键字(theme keyword)	用于描述数据集主题的常用词或短语
	地方关键字词表(place keyword thesaurus)	正式注册的词库或类似词的引用
	时间关键字词表(temporal keyword thesaurus)	对正式注册的词库的引用或类似的权威来源的时态关键词
	时间关键字(temporal keyword)	数据集涵盖的时间段的名称
	出版日期(publication date)	数据集出版或以其他方式发布的日期

续表 4-35

分类	CSDGM 元素	定义
数据集覆盖范围信息	西边界坐标(空间域)[west bounding coordinate (spatial domain)]	覆盖范围最西部的坐标,用经度表示
	东边界坐标(空间域)[east bounding coordinate (spatial domain)]	覆盖范围最东边的坐标,用经度表示
	北边界坐标(空间域)[north bounding coordinate(spatial domain)]	覆盖范围最北边的坐标,用纬度表示
	南边界坐标(空间域)[south bounding coordinate(spatial domain)]	覆盖范围最南边的坐标,用纬度表示
	数据集 g 多边形(data set g-polygon)	定义数据集所覆盖区域的轮廓的坐标
数据分发格式	格式名称(format name)	数据传输格式的名称
	格式版本号(format version number)	数据传输格式的名称
	格式版本日期(format version date)	格式版本的日期
	格式规范(format specification)	格式的子集,配置文件或产品规范的名称
	文件解压缩技术(file decompression technique)	应用于读取或扩展已经应用了数据压缩技术的数据集的算法或过程的建议(包括获得这些过程或算法的手段)
数据集负责方	联系方(point of contact)	用于了解数据集的个人或组织的联系信息
	元数据联系方(metadata contact)	负责元数据信息的一方
	主要联系人(contact person primary)	与数据集相关联的人及其联系人。用于个人与数据集的关联比组织与数据集的关联更重要的情况
	主要联系组织(contact organization primary)	与数据集关联的组织和组织成员。用于组织与数据集的关联比个人与数据集的关联更重要的情况
	联系地址(contact address)	组织或个人的地址

续表 4-35

分类	CSDGM 元素	定义
元数据相关信息	元数据日期(metadata date)	元数据的创建日期或上次更新日期
	元数据审核日期(metadata review date)	元数据条目的最新审核日期
	元数据未来审查日期(metadata future review date)	应审核元数据条目的日期
	元数据标准名称(metadata standard name)	用于记录数据集的元数据标准的名称
	元数据标准版本(metadata standard version)	用于记录数据集的元数据标准版本的标识

根据两种元数据元素之间的语义情况,笔者将其元数据匹配的类型分为精确匹配、部分匹配、相关匹配和不匹配四种。精确匹配指指元素表示的语义相同;部分匹配(包括整体-部分关系和部分-整体关系)指一种元数据中的元素的语义和另外一种元数据的语义的一部分相同或相似;相关匹配指元素所表示的语义不相同但相关,同时不是明确的属于部分匹配关系;不匹配指元数据元素的语义不相同。按照这四种关系,对元数据建立映射,其中不匹配的元素不列在映射表格当中。映射建立完成后,概念框架的分类共包括数据集基本信息描述、数据集覆盖范围信息、数据分发格式、数据集负责方、元数据相关信息五个方面,详情如表 4-36 所示。

表 4-36　元数据概念框架及其匹配方式

分类	地理信息元数据元素	CSDGM 元素	匹配方式
数据集基本描述信息	名称	题名(title)	精确匹配
	别名	题名(title)	相关匹配
	摘要	摘要(abstract)	精确匹配
		补充信息(supplemental information)	相关匹配
	目的	目的(purpose)	精确匹配
	负责人名	创建者(originator)	部分-整体匹配
	负责单位名	创建者(originator)	部分-整体匹配
	职务	创建者(originator)	部分-整体匹配
	专题类型	主题(theme)	精确匹配
		主题关键词词表(theme keyword thesaurus)	整体-部分匹配
		主题关键字(theme keyword)	整体-部分匹配

续表 4-36

分类	地理信息元数据元素	CSDGM 元素	匹配方式
数据集基本描述信息	关键字	关键词(keywords)	精确匹配
		地方关键字词表(place keyword thesaurus)	整体-部分匹配
		地方关键字(place keyword)	整体-部分匹配
		层关键字词表(stratum keyword thesaurus)	整体-部分匹配
		层关键字(stratum keyword)	整体-部分匹配
		时间关键字词表(temporal keyword thesaurus)	整体-部分匹配
		时间关键字(temporal keyword)	整体-部分匹配
	日期	出版日期(publication date)	整体-部分匹配
	版本日期	出版日期(publication date)	精确匹配
数据集覆盖范围信息	西边经度(地理覆盖范围)	西边界坐标(空间域)[west bounding coordinate (spatial domain)]	精确匹配
	东边经度(地理覆盖范围)	东边界坐标(空间域)[east bounding coordinate (spatial domain)]	精确匹配
	北边纬度(地理覆盖范围)	北边界坐标(空间域)[north bounding coordinate(spatial domain)]	精确匹配
	南边纬度(地理覆盖范围)	南边界坐标(空间域)[south bounding coordinate(spatial domain)]	精确匹配
	多边形(地理覆盖范围)	数据集 g 多边形(data set g-polygon)	相关匹配
数据分发格式	名称	格式名称(format name)	精确匹配
	版本	格式版本号(format version number)	精确匹配
		格式版本日期(format version date)	整体-部分匹配
	规范	格式规范(format specification)	精确匹配
	文件解压缩技术	文件解压缩技术 (file decompression technique)	精确匹配
数据集负责方	负责人名	主要联系人(contact person primary)	精确匹配
	负责单位名	主要联系组织(contact organization primary)	精确匹配
	职务	联系方(point of contact)	部分-整体匹配
	联系信息	联系地址(contact address)	精确匹配
	职责	联系方(point of contact)	部分-整体匹配

续表 4-36

分类	地理信息元数据元素	CSDGM 元素	匹配方式
元数据相关信息	元数据创建日期	元数据日期(metadata date)	部分-整体匹配
		元数据审核日期(metadata review date)	相关匹配
		元数据未来审查日期(metadata future review date)	相关匹配
	联系单位	元数据联系方(metadata contact)	精确匹配
	元数据标准名称	元数据标准名称(metadata standard name)	精确匹配
	元数据标准版本	元数据标准版本(metadata standard version)	精确匹配

4.3.5　基于本体实现元数据互操作方法的设想

在 4.3 节中,笔者选择了两两映射、中间格式映射、基于 RDF 的方法实现元数据之间的映射、基于概念框架的元数据映射这四种方法来实现科学数据元数据之间的互操作。结合建立过程实践的体会,笔者认为使用本体可以既方便又充分的展示出元数据元素之间的关系,即在本体软件中元数据元素的关系可以自行定义,因此能使元数据元素之间的关系丰富的体现出来,也可以透过使用本体软件方便地建立元素之间的关系。因此,笔者试图使用本体实现元数据之间的互操作,详情见本书的第 5 章和第 6 章,本节不再赘述。

第 5 章　元数据互操作方法的应用:地球科学科学数据元数据标准的选取与比较

前面的章节以已经发布的元数据标准(不局限于某个平台使用)为研究对象,对这些元数据标准之间的互操作进行了理论探讨,本章计划在研究实践中,即从地球科学科学数据相关领域平台制定的元数据标准出发,结合上文中元数据互操作方案的实现方法,以及平台制定的元数据标准的具体情况,实现搜集到的地球科学科学数据元数据标准之间的互操作应用。本章主要从对平台使用的元数据标准进行搜集和对元数据特点的比较两个方面来展开,为第 6 章基于本体的元数据互操作的实现做好前期工作。

5.1　地球科学科学数据相关领域平台元数据标准的选取

5.1.1 平台元数据标准选取的依据

笔者通过 re3data.org 和开放获取目录(open access directory,OAD)的数据存储库(data repositories)搜索地球科学相关领域科学数据平台使用的元数据。

re3data.org 是一个涵盖不同学科的研究数据存储库的全球注册系统,其是为研究人员,资助机构,出版商和学术机构提供了数据集的永久存储和访问的存储库,促进研究数据的共享、获取和可见性,该注册系统于 2012 年秋季上线,由德国研究基金会(German Research Foundation,DFG)资助①。OAD 的数据存储库是开放数据存储库和数据库的列表,按照学科对数据存储库进行分类②。在 re3data.org 平台中,进入"Search"界面,界面左侧根据主题(Subjects)、内容类型(Content Types)、国家(Countries)、元数据标准(Metadata standards)等方面对科学数据资源进行分类,如图 5-1 所示。点击"Subjects",选择"Geosciences(including Geography)",同时结合"Metadata standards"(如图 5-2 所示)进行浏览;在 OAD 平台当中,OAD 平台是按照学科进行分类的,如图 5-3 所示,在"Geosciences and geospatial data"和"Geology"学科下面,查看 OAD 所提供的科学数据平台。通过访问这两个数据库具体的网站,判断其是否是用来表示与地球科学相关的科学数据,考虑到选择不同种类的元数据,并尽量来自地球科学领域不同学科,结合资料的可获取性,以及语义描述完整性等方面,笔者搜集并选择了 9 个科学数据平台,数据平台及其支持的元数据如表 5-1 所示。

---

① About[EB/OL].[2017-2-10].http://www.re3data.org/about.

② Data repositories[EB/OL].[2017-2-10].http://oad.simmons.edu/oadwiki/Data_repositories 海洋地质学.

Filter

Subjects ⊞
Content Types ⊞
Countries ⊞
AID systems ⊞
API ⊞
Certificates ⊞
Data access ⊞
Data access restrictions ⊞
Database access ⊞
Database access restrictions ⊞
Database licenses ⊞
Data licenses ⊞
Data upload ⊞
Data upload restrictions ⊞
Enhanced publication ⊞
Institution responsibility type ⊞
Institution type ⊞
Keywords ⊞
Metadata standards ⊞
PID systems ⊞
Provider types ⊞
Quality management ⊞
Repository languages ⊞
Software ⊞
Syndications ⊞
Repository types ⊞
Versioning ⊞

图 5-1　re3data.org 的“Filter”分类

Metadata standards ⊟

ABCD - Access to Biological Collection Data (4)
CF (Climate and Forecast) Metadata Conventions (18)
CIM - Common Information Model (1)
DCAT - Data Catalog Vocabulary (1)
DDI - Data Documentation Initiative (10)
DIF - Directory Interchange Format (20)
Darwin Core (6)
DataCite Metadata Schema (20)
Dublin Core (36)
EML - Ecological Metadata Language (8)
FGDC/CSDGM - Federal Geographic Data Committee Content Standard for Digital Geospatial Metadata (42)
FITS - Flexible Image Transport System (2)
ISO 19115 (74)
PROV (1)
RDF Data Cube Vocabulary (3)
Repository-Developed Metadata Schemas (2)
other (30)

图 5-2　地球科学科学数据元数据标准

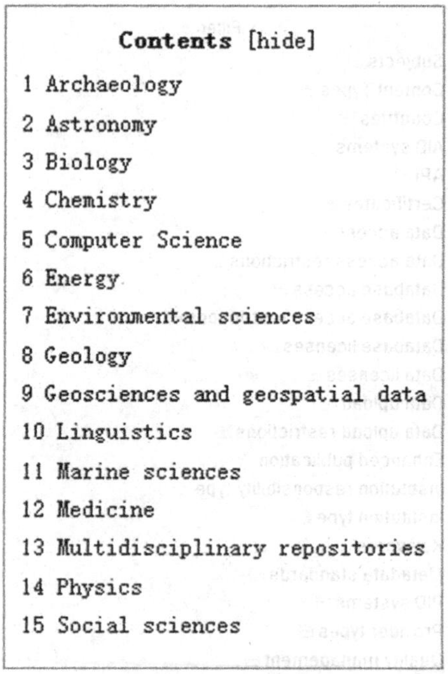

Contents [hide]

1 Archaeology

2 Astronomy

3 Biology

4 Chemistry

5 Computer Science

6 Energy

7 Environmental sciences

8 Geology

9 Geosciences and geospatial data

10 Linguistics

11 Marine sciences

12 Medicine

13 Multidisciplinary repositories

14 Physics

15 Social sciences

图 5-3　OAD 中的科学数据学科分类

表 5-1　地球科学相关领域科学数据平台及其支持的元数据

科学数据平台	元数据
国家环境信息中心海洋地质数据	NCEI 海洋地质数据存档元数据
康奈尔大学地理空间信息机构库	CSDGM
全球变化主目录	DIF
地热数据存储库	DC
跨学科地球数据联盟	DataCite 元数据模式
世界大气遥感数据中心	ISO 19115
国家地震科学数据共享中心	地震科学数据元数据编写指南
生物和化学海洋学数据管理办公室	BCO-DMO 数据集元数据
国家环境信息中心海洋和大气管理	NCEInetCDF 2.0 模板

5.1.2　选取的平台元数据标准

笔者分别对包括国家环境信息中心海洋地质数据、康奈尔大学地理空间信息机构库、全球变化主目录、地热数据存储库、跨学科地球数据联盟、世界大气遥感数据中心、国家地震科学数据共享中心、生物和化学海洋学数据管理办公室、国家环境信息中心海洋和大气管理在内的 9 种科学数据平台及其元数据进行介绍。

5.1.2.1　国家环境信息中心海洋地质数据的元数据

海洋地质学在地球科学中的位置为：地球科学（一级学科）→海洋科学（二级学科）→海洋地质学（三级学科）。海洋地质学属于地质学分支学科，是研究地壳被海水淹没部分的物质组成、地质构造和演化规律的学科。研究内容涉及海岸与海底的地形、海洋沉积物、洋底岩石、海底构造、大洋地质历史和海底矿产资源。它是地质学的一部分，又与海洋学有密切联系，是地质学与海洋学的边缘科学①。

在国家环境信息中心（National Centers for Environmental Information，NCEI）海洋地质数据存档（Marine Geology Data Archive）中，NCEI 档案中的海洋地质数据汇编和报告来源于世界各地的学术和政府。可用数据的例子包括沉积物/岩石组成、物理性质、岩石学/矿物学、地球化学、古生物学、古地磁学、X 射线、照片和其他图像，提供数字数据、许多图像和 PDF 报告的免费搜索和立即下载，以及有关如何从存档获取全分辨率图像的信息及订购 CD-ROM、缩微胶片或超大图表。国家环境信息中心海洋地质数据存档的元数据主要涵盖以下八个方面：访问（access）、文档（documentation）、描述（description）、信誉（credit）、覆盖（coverage）、关键词（keywords）、约束（constraints）、数据志（lineage）②。

5.1.2.2　康奈尔大学地理空间信息机构库的元数据

地理空间是物质、能量、信息的数量及行为在地理范畴中的广延性存在形式。特指形态、结构、过程、关系、功能的分布方式和分布格局同时在“暂时”时间的延续（抽象意义上的静止态），讨论所表达出的“断片图景”。地理空间的研究是地理学的基本核心之一③。康奈尔大学地理空间信息机构库（Cornell University Geospatial Information Repository，CUGIR）是国家空间数据交换中心计划中的在线存储库。CUGIR 为纽约州提供地理空间数据和元数据，特别强调与农业、生态、自然资源和人与环境相互作用相关的自然特征④。地形、土壤、水文、环境危害、农业活动、野生动物和自然资源管理等主题适合纳入 CUGIR 目录，所有数据文件都按照 FGDC 标准编目，并以广泛使用的地理空间数据格式提供⑤。采用的元数据标准遵循联邦地理数据委员会设置的标准，具体为数字地理空间元数据的内容标准，通常称为 FGDC 元数据。元数据在地理信息中心和门户网站中的使用，可以帮助用户发现存在的地理信息数据集，评估特定数据集对其应用的适合度，包括关于使用和访问约束的重要信息，包括关于如何获得或使用数据的信息，并且可以提供关于数据的附加类型的信息等。CUGIR 采用的元数据元素的组成部分如图 5-4 所示。

---

① 海洋地质学[EB/OL].[2017-2-2].http://baike.baidu.com/link? url = qMECae2Q2_oQbuZxpnN - Wivx8ZucFtQuwCA6NSCi0p66AtlsTqfPoGFmW_AAiydu9_Cii773sa8dp5cNgwcwMrFugSaqtOxZAWPwUWHB4Ene6UXNA_ SpW5mbhxoMhsxY7ugwAHAfFrZUuFkrgrgoPa.

② NCEI marine geology data archive[EB/OL].[2017-2-2].https://www.ngdc.noaa.gov/docucomp/page? xml=N OAA/NESDIS/NGDC/Collection/iso/xml/Marine_Geology.xml&view = getDataView&header = none&title = Ge t% 20Data%20NOAA/NESDIS/NGDC/Collection/iso/xml/Marine_Geology.xml.

③ 地理空间[EB/OL].[2017-2-11].http://baike.so.com/doc/6575666-6789430.html.

④ Welcome to the cornell university geospatial information repository (CUGIR)[EB/OL].[2017-2-2].http://cu gir.mannlib.cornell.edu/index.jsp.

⑤ About the cornell university geospatial information repository (CUGIR)[EB/OL].[2017-2-2].http://cugir.ma nnlib.cornell.edu/index.jsp.

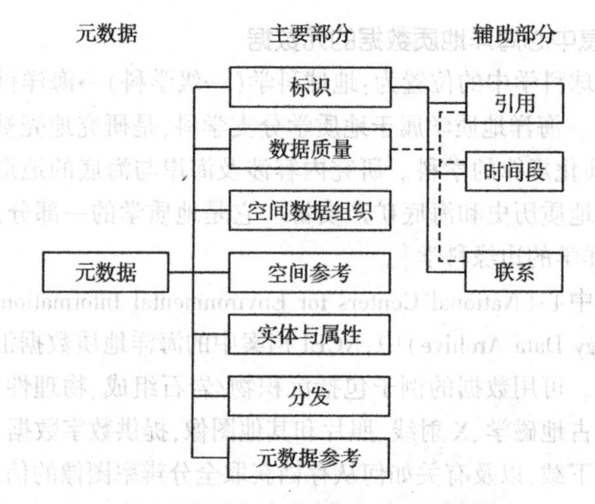

图 5-4 CUGIR 采用的元数据标准的组成部分

如图 5-4 所示,元数据(metadata)包括标准的主要 7 个组成部分:标识(identification)、数据质量(data quality)、空间数据组织(spatial data organization)、空间参考(spatial reference)、实体与属性(entity and attribute)、分发(distribution)、元数据参考(metadata reference)。除此之外,还包括三个辅助部分:引用(citation)、时间段(time period)、联系(contact),这三个部分不单独使用①。

5.1.2.3 全球变化主目录的元数据

美国国家航空航天局(National Aeronautics and Space Administration,NASA)的全球变化主目录(Global Change Master Directory,GCMD),拥有超过 34 000 个地球科学数据集和服务描述,涵盖地球和环境科学领域的主题领域。项目任务是协助研究人员、政策制定者和公众发现和获取与全球变化和地球科学研究相关的数据、相关服务和辅助信息(包括仪器和平台的描述)②。全球变化主目录使用的科学数据元数据标准有目录交换格式(directory interchange format,GIF),DIF 共包含 36 个项目,有 8 个是必须著录项。依照两种不同的角度,元素的分类情况如下:①依元数据元素是否必须存在,分为必须著录项、强烈推荐项、推荐项三种;②依可否重复,分为可重复项、不可重复项两种。

5.1.2.4 地热数据存储库的元数据

地热学在地球科学中的位置为:地球科学(一级学科)→固体地球物理学(二级学科)→地热学(三级学科)。地热数据存储库(geothermal data repository,GDR)是由美国能源部地热技术办公室资助的研究人员收集的所有数据的提交点。地热数据存储库应用的元数据有都柏林核心元数据元素集(Dublin Core metadata element set)。DC 的元数据元素共 15 个,包括题名(title)、主题和关键词(subject and key words)、描述(description)、来源(source)、语种(language)、关联(relation)、覆盖范围(coverage)、作者或创作者(author or creator)、出版者

① Content standard for digital geospatial metadata workbook[EB/OL].[2017-2-1].https://www.fgdc.gov/metad ata/documents/workbook_0501_bmk.pdf.

② Welcome to the GCMD[EB/OL].[2017-2-5].http://gcmd.nasa.gov/learn/index.html.

(publisher)、其他责任者(contributors)、权限管理(rights)、日期(date)、类型(type)、格式(format)、资源标识符(identifier)。

5.1.2.5　跨学科地球数据联盟的元数据

跨学科地球数据联盟(interdisciplinary earth data alliance,IEDA)是由美国国家科学基金会通过合作协议资助的。通过为海洋、地球、极地科学领域的观测固体地球数据提供数据服务,来支持、维持和推进地球科学的发展①。IEDA 使用的元数据标准为 DataCite 元数据模式(Metadata Schema)。DataCite 是一个领先的全球非营利组织,为研究数据提供持久标识符(DOI)。目标是帮助研究机构定位、识别和引用研究数据②。DataCite 制定了 DataCite 元数据模式的研究数据的出版和引用文档(documentation for the publication and citation of research data),元数据属性分类包括三个不同的层次:必选属性(mandatory,M)、推荐属性(recommended,R)、可选属性(optional,O)。必选属性必须被提供,推荐的属性是可选的,但是是强烈推荐的,便于互操作,可选属性是可选的,提供丰富的描述。元数据包括 6 个必选属性、6 个推荐属性和 7 个可选属性。

5.1.2.6　世界大气遥感数据中心的元数据

大气探测(包括大气遥感)在地球科学中的位置为:地球科学(一级学科)→大气科学(二级学科)→大气探测(包括大气遥感,三级学科)。大气遥感指仪器不直接同某处大气接触,在一定距离以外测定某处大气的成分、运动状态和气象要素值的探测方法和技术。大气遥感包括气象雷达和气象卫星等③。世界大气遥感数据中心(The World Data Center for Remote Sensing of the Atmosphere,WDC-RSAT),为科学家和公众免费提供不断增长的与大气相关的卫星数据集(从原始到增值数据)、信息产品和服务。重点为大气微量气体,气溶胶,动力学,辐射和云物理参数。还提供关于表面参数(例如植被指数、表面温度)的补充信息和数据④。WDC-RSAT 使用的科学数据元数据主要为 ISO 19115。该标准有 13 个元数据包:元数据信息(metadata information)、标识信息(identification information)、约束信息(constraint information)、数据志信息(lineage information)、内容信息(content information),分发信息(distribution information)、参考系统信息(reference system information)、空间表示信息(spatial representation information)、图示表达目录信息(portrayal catalogue information)、元数据应用信息(metadata application information)、应用模式信息(application schema information)、元数据扩展信息(metadata extension information)、服务元数据信息(service metadata information)。另外的四个元数据包,如引用信息(citation information)、负责方信息(responsible party information)、语言字符本地化信息(language-characterset localisation information)和扩展信息(extent information),是和其他的包一起使用的。

5.1.2.7　国家地震科学数据共享中心的元数据

地震学在地球科学中的位置为:地球科学(一级学科)→固体地球物理学(二级学科)→

① An overview of IEDA[EB/OL].[2017-2-6].http://www.iedadata.org/overview.

② Our mission[EB/OL].[2017-2-6].https://www.datacite.org/mission.html.

③ 大气遥感[EB/OL].[2017-2-6].http://baike.so.com/doc/6692992-6906898.html.

④ About WDC-RSAT[EB/OL].[2017-2-7].http://wdc.dlr.de/about/.

地震学(三级学科)。地震数据指与地震的孕育、发生、地震动传播及地震所造成的后果以及减轻地震灾害相关联的数据。这些数据主要是在我国防震减灾四个基本环节(地震监测预报、地震灾害预防、地震应急、震后救灾与重建)及相关的科学研究中形成的①。

地震科学数据共享工程于2002年正式启动,2011年,地震科学数据共享平台成为首批获得认定的23个国家科技基础条件平台之一②。按照获取途径,地震科学数据可以划分为五个大类:①观测数据;②探测数据;③调查数据;④实验数据;⑤专题数据。地震科学数据的应用领域涉及:在地球科学基础理论研究的作用;在国民经济建设和国家重大工程项目决策中得到广泛应用;在生态环境保护中的应用;在国家安全和国防建设中的应用③。

国家地震科学数据共享中心制定了《地震数据 元数据编写指南》④。该标准由中国地震局地震数据共享项目标准课题组提出并归口。元数据是实现地震科学数据共享的基础数据,对元数据的利用是发现和获取分布于网络中的各类地震信息资源的有效途径。该标准适用于对地震科学数据集的描述、地震科学数据集的编目和地震科学数据共享服务。

地震科学数据元数据可以划分为元素、实体及子集三个层次。其中,最基本的信息单元为元数据元素;将同类的元数据元素集合起来,即形成元数据实体;将有关系的元素和实体结合起来,即为元数据子集⑤。子集信息由可选和必选的元素和实体组成。实体集信息包括以下9个方面:标识信息、内容信息、分发信息、数据质量信息、参照系信息、图示表达目录信息、应用模式信息、限制信息、维护信息。

5.1.2.8 生物和化学海洋学数据管理办公室的元数据

海洋化学和海洋生物学在地球科学中的位置为:地球科学(一级学科)→海洋科学(二级学科)→海洋化学和海洋生物学(三级学科)。海洋化学是针对海洋的各个部分,研究其化学组成、化学性质、化学过程、物质分布以及在开发利用海洋化学资源过程中有关化学问题的科学⑥。海洋生物学是海洋科学与生命科学的交叉学科,研究在海洋中生存的生命的现象、过程及规律⑦。

生物和化学海洋学数据管理办公室(the biological and chemical oceanography data management office,BCO-DMO)的工作人员与调查人员一起工作,为通过生物和化学海洋学部门、美国国家科学基金会极地计划北极科学和南极生物与生态系统计划部门资助的研究项目在线提供数据⑧。BCO-DMO采用的数据集元数据包含方面有:原始主要研究者姓名及联系信息(originating PI name and contact information)、合作主要研究者姓名及联系信息[co-PI name(s) and contact information]、长期联系人姓名和联系信息(long-term contact name and contact information)、数据集名称(dataset name)、数据集描述(dataset description)、项目(pro-

① 地震科学数据元数据编写指南[EB/OL].[2017-2-1].http://data.earthquake.cn/sjgxbz/index.html.

② 地震科学数据共享平台介绍[EB/OL].[2017-2-1].http://data.earthquake.cn/gybz/info/2016/2312.html.

③ 地震科学数据资源概况[EB/OL].[2017-2-1].http://data.earthquake.cn/gybz/info/2016/2314.html.

④ 数据共享标准规范[EB/OL].[2017-2-1].http://data.earthquake.cn/sjgxbz/index.html.

⑤ 地震科学数据元数据编写指南[EB/OL].[2017-2-1].http://data.earthquake.cn/sjgxbz/index.html.

⑥ 海洋化学[EB/OL].[2017-2-9].http://baike.so.com/doc/5743446-5956199.html.

⑦ 海洋生物学[EB/OL].[2017-2-9].http://baike.so.com/doc/5746103-5958858.html.

⑧ Introduction to BCO-DMO[EB/OL].[2017-2-9].http://www.bco-dmo.org/.

ject)、资金(funding)、巡航或部署(cruise or deployment)、部署同义词(deployment synonyms)、位置(location)、参数名称(parameter names)、定义和单位(definitions and units)、抽样和分析方法(sampling and analytical methodology)、数据处理(data processing)、访问限制(access restrictions)、相关文件和参考(related files and references)①。

5.1.2.9 国家环境信息中心海洋和大气管理的元数据

海洋科学和大气科学均属于地球科学下面的二级类目。海洋科学是指与海洋有关的知识体系,包括海洋的性质、自然现象及其变化规律和对海洋的开发利用。在地球表面,海洋的面积占71%,其均属于海洋科学的研究范围,可见,海洋科学的研究范围极其宽广。具体来讲,包括存在于海洋中的海水、物质、生物、沉积物、岩石圈及河口海岸带、大气边界层(海面上)②。大气科学是指研究有关大气的各种现象的科学,其中也包含人类活动对大气的影响,以及这些现象在演变过程中的规律,人类该如何利用好这些规律为其服务。其中,气候学、大气探测、动力气象学、大气物理学、天气学、人工影响天气、大气化学、应用气象学等均属于大气科学的主要分支学科③。

国家环境信息中心(National Centers For Environmental Information, NCEI)是国家环境信息的领先权威部门,致力于满足用户对高价值的环境数据和信息的需要,由先前的三个数据中心[国家气候数据中心(National Climatic Data Center)、国家地球物理数据中心(National Geophysical Data Center)、国家海岸数据发展中心(National Coastal Data Development Center)]合并。NCEI负责主办和提供最重要的地球档案的获取,并提供全面的海洋,大气和地球物理数据,从海洋的深度到太阳的表面,从百万年的沉积记录到接近实时的卫星图像④。国家环境信息中心形成了NCEI netCDF 2.0模板,模板符合网络通用数据格式(network common data form, netCDF)数据集发现的属性约定(attribute convention for dataset discovery, ACDD)和netcdf气候和预测规范(climate and forecast, CF)。ncei netCDF规范的标准属性包括致谢(acknowledgement)、数据类型(cdm_data_type)、评论(comment)、贡献者姓名(contributor_name)、贡献者角色(contributor_role)等在内的90个⑤。

5.2 地球科学科学数据平台元数据的比较

针对本章5.1节中选取的九种地球科学科学数据相关平台的元数据,在本节中,笔者计划对其特点进行分析,主要从元数据元素的数量、元数据的层级、元数据的内容以及元数据元素语义详细程度四个方面来比较。

5.2.1 元数据元素的数量

笔者对这九种科学数据平台元数据元素的数量进行统计,详情如表5-2所示。

---

① DATASET description metadata for BCO-DMO[EB/OL].[2017-2-28].http://www.bco-dmo.org/.

② 海洋科学[EB/OL].[2017-2-10].http://baike.baidu.com/subview/175557/13757452.htm.

③ 大气科学[EB/OL].[2017-2-10].http://baike.so.com/doc/6292103-6505610.html.

④ About[EB/OL].[2017-2-10].https://www.nodc.noaa.gov/about/index.html.

⑤ NCEI NetCDF templates v2.0[EB/OL].[2017-2-10].https://www.nodc.noaa.gov/data/formats/netcdf/v2.0/.

表 5-2 科学数据平台元数据元素的数量

科学数据平台	元数据	元素数量
国家环境信息中心海洋地质数据	NCEI 海洋地质数据存档元数据	40 个元素
康奈尔大学地理空间信息机构库	CSDGM	332 个元素
全球变化主目录	DIF	133 个元素
地热数据存储库	DC	15 个元素
跨学科地球数据联盟	DataCite 元数据模式	19 个元素
世界大气遥感数据中心	ISO 19115	456 个元素
国家地震科学数据共享中心	地震数据　元数据编写指南	218 个元素
生物和化学海洋学数据管理办公室	BCO-DMO 数据集元数据	15 个元素
国家环境信息中心海洋和大气管理	NCEInetCDF 2.0 模板	90 个元素

如表 5-2 统计结果所示，由于平台元数据种类的多样性，元数据元素的数量参差不齐。其中，元素数量最多的元数据为世界大气遥感数据中心使用的 ISO 19115，其次康奈尔大学地理空间信息机构库的 CSDGM 和国家地震科学数据共享中心的《地震数据　元数据编写指南》元素数量也较多；之后为全球变化主目录的 DIF 元素，剩余其他 5 种元数据元素的数量均在 100 以下，最少的为生物和化学海洋学数据管理办公室的 BCO-DMO 数据集元数据和地热数据存储库使用的 DC。

5.2.2 元数据的层级

在搜集到的九种科学数据元数据当中，元数据内容的层级结构各种各样。从一个层级到七个层级均有。有的元数据仅含有 1 个层级（如 DataCite 元数据模式、BCO-DMO 数据集元数据、NCEI netCDF 2.0 模板、DC），有的为 1~2 个层级（如 NCEI 海洋地质数据存档元数据、DIF、ISO 19115《地震数据　元数据编写指南》）；有的层级较多，包含 1~7 个层级（如 CSDGM）。具体情况为：①跨学科地球数据联盟（DataCite 元数据模式）、生物和化学海洋学数据管理办公室（BCO-DMO 数据集元数据）、国家环境信息中心海洋和大气管理（NCEI netCDF 2.0 模板）、地热数据存储库（DC）元数据元素下不包含子元素，这里认为其只有一个层级。②国家环境信息中心海洋地质数据（NCEI 海洋地质数据存档元数据）大多数的方面下面的元素只有一个层级，个别有两个层级，如数据志（lineage）方面分为三个复合子元素，分别为机构库的数据志信息（lineage information for：repository）、数据集的数据志信息（lineage information for：dataset）、收集的获取信息[acquisition information（collection）]，三个复合子元素下还包含各自的简单元素；全球变化主目录（DIF）的元数据元素分的方面较多，其层级多为一个或两个，仅有一个为 7 个层级，如在规范的地球科学关键词方面，如表 5-3 所示，世界大气遥感数据中心（ISO 19115）多为 1~2 个层级；国家地震科学数据共享中心（地震科学数据元数据编写指南）也多为 1~2 个层级。③康奈尔大学地理空间信息机构库（CSDGM）元数据分层更加详细，包含 1~7 个层级。

表 5-3　规范的地球科学关键词

<Parameters>（测量参数）	规范的地球科学关键词
<Category>（类）	最高级别的关键词，默认为“EARTH SCIENCE”
<Topic>（主题）	<Category>下的级别，包含 14 个 Topics
<Term>（术语）	<Topic>下的级别
<Variable_Level_1>变量级别 1	<Term>下的级别
<Variable_Level_2>变量级别 2	<Variable_Level_1>下的级别
<Variable_Level_3>变量级别 3	<Variable_Level_2>下的级别
<Detailed_Variable>详细变量	不受控制的自由文本字段

5.2.3　元数据的内容

在笔者搜集到的 9 种地球科学科学数据元数据标准当中，国家环境信息中心海洋地质数据（NCEI 海洋地质数据存档元数据）、康奈尔大学地理空间信息机构库（CSDGM）、世界大气遥感数据中心（ISO 19115）、国家地震科学数据共享中心（地震数据　元数据编写指南）四种元数据对元数据元素的方面进行了划分。其他五种元数据包括地热数据存储库（DC）、跨学科地球数据联盟（DataCite 元数据模式）、生物和化学海洋学数据管理办公室（BCO-DMO 数据集元数据）、全球变化主目录（DIF）和国家环境信息中心海洋和大气管理（NCEI netCDF 2.0 模板）主要直接提供了具体的元数据元素。笔者现对划分具体方面的元数据进行比较分析。

笔者对表 5-4 中元数据涉及的方面进行统计，元数据具体方面和包含此方面的元数据数量如表 5-5 所示。

由表 5-5 可知，在划分具体方面的这四种元数据当中，元数据数量较多的为限制信息、标识信息、分发信息。由于划分标准的不一致，某些方面还可以继续融合到另一个方面当中，如“描述”和“关键词”可以放置在“标识信息”当中，“访问”可以放置到“限制信息”当中，“元数据参考信息”可以包含在“元数据信息/元数据实体集信息”当中，在第 6 章建立本体时，笔者会设置一些范围较大的方面，将范围较小的划分融合到大的方面当中。除了这 4 种元数据，剩余的 5 种元数据没有划分所包含的方面，直接提供了元数据元素。笔者在后文建立本体的过程当中，会考虑将这些元素放置在相应的方面下。

表 5-4　四种平台科学数据元数据内容分析

国家环境信息中心海洋地质数据（NCEI 海洋地质数据存档元数据）（8 个方面）	康奈尔大学地理空间信息机构库（CSDGM）（10 个方面）	世界大气遥感数据中心（ISO 19115）（17 个方面）	国家地震科学数据共享中心（地震数据　元数据编写指南）（10 个方面）

续表 5-4

访问 文档 描述 信誉 覆盖 关键词 约束 数据志	7 个主要方面： 标识信息 数据质量信息 空间数据组织信息 空间参考信息 实体和属性信息 分发信息 元数据参考信息 3 个辅助方面： 引用信息 时间段信息 联系信息	13 个主要方面： 元数据信息 标识信息 限制信息 数据志信息 维护信息 空间表示信息 参考系统信息 内容信息 图示表达目录信息 分发信息 元数据扩展信息 应用模式信息 服务元数据信息 4 个辅助方面： 范围信息 引用信息 负责方信息 语言字符本地化信息	元数据实体集信息 标识信息 内容信息 分发信息 数据质量信息 参照系信息 图示表达目录信息 应用模式信息 限制信息 维护信息

表 5-5　元数据内容具体方面及对应的元数据数量

方面	数量	方面	数量
限制信息	3	空间参考信息	1
标识信息	3	实体和属性信息	1
分发信息	3	时间段信息	1
元数据信息/元数据实体集信息	2	联系信息	1
数据质量信息	2	元数据扩展信息	1
引用信息	2	空间表示信息	1
数据志信息	2	服务元数据信息	1
内容信息	2	范围信息	1
参考系统信息	2	访问	1
图示表达目录信息	2	文档	1
应用模式信息	2	描述	1
维护信息	2	信誉	1

续表 5-5

方面	数量	方面	数量
联系信息/责任方信息	2	覆盖	1
元数据参考信息	1	关键词	1
空间数据组织信息	1	语言字符本地化信息	1

5.2.4　元数据元素语义详细程度

在搜集到的 9 种地球科学数据元数据当中,元数据元素的语义详细程度揭示也存在差异。康奈尔大学地理空间信息机构库(CSDGM)、全球变化主目录(DIF)、地热数据存储库(DC)、世界大气遥感数据中心(ISO 19115)、国家地震科学数据共享中心(地震数据　元数据编写指南)、国家环境信息中心海洋地质数据(NCEI 海洋地质数据存档元数据)中对元数据元素的语义说明较为详细,生物和化学海洋学数据管理办公室(BCO-DMO 数据集元数据)、国家环境信息中心海洋和大气管理(NCEI netCDF 2.0)模板、跨学科地球数据联盟(DataCite 元数据模式)中,对元数据元素的语义说明不是很详细。元数据元素的语义是否很明确影响到在第 6 章建立本体时元素之间关系的设定,如针对一些元素,从元素名称上判断其是否相关时,由于不能明确元素具体的语义,会将其关系设置为"相关",而不是"相等"。

通过对以上地球科学相关领域的科学数据元数据平台元数据的比较,发现在元数据元素的数量、元数据的层级、元数据的内容以及元数据元素语义详细程度方面各有不同,因此需要通过元数据互操作来实现元数据的关联,便于科学数据资源的统一检索。

第6章 元数据互操作方法的应用：实现地球科学科学数据元数据互操作的本体构建

在本章，将以第5章选取的9种元数据为研究对象，对其元数据元素建立本体。本章主要阐述本体的内涵、本体构建过程及本体的应用。

6.1 本体的内涵

Studer等人在1998年对“本体”定义为：本体是共享概念模型的明确的形式化规范说明。概念模型是指通过识别来自客观世界中现象的相关概念，从而抽象出来的现象模型；明确是指明确定义概念使用的约束和类型；形式化是指本体能够被计算机阅读；共享是指大家共同认可的知识可以被本体获取①。

在某个领域内，概念以及概念之间的关系可以通过本体来表示。本体是定义了一套共同的词汇表，来描述领域内的知识，资源创建者用共同的词汇表描述信息，可以交换、集成和共享信息。本体的相关概念包括个体、属性、类、类的公理：①个体（individuals）代表一个领域里面的对象，可以理解为一个类的实例。②属性（properties）是个体之间的双重联系；属性包括对象属性（object properties，表示individual之间的关系，如Matthew与Gemma的关系是“hasSister”）、数据类型属性（datatype properties，用来表示个体和基本数据类型两者之间的关系，如Matthew与“25”的关系是“hasAge”）、注释属性[annotation properties，可以用来解释类、个体、对象/数据类型属性，不能用于推理。如“JetEngine”（喷气发动机）的“creator”（创建者）为“Matthew Horridge”]。属性的特性包括反（逆）关系（inverse）、函数关系（functional）、对等关系（symmetric）、传递性（transitive）、非对称关系（asymmetric）、自反性（reflexive）、非自反性（irreflexive）。③类（classes）是individuals的sets（集合），是一系列概念的语义表达。④类的公理（class axiom）在验证一致性和推理中发挥作用：类的公理包括SubClassOf（此项表示的是上级与下级类之间的关系，有助于完整地推理出类和类之间的关系）、EquivalentClasses（表示类与类之间的等价关系）、DisjointClasses（起限制作用，表示两个类之间互不相容，没有交集）。推理的目的是测试某一类是否是另一个类别的子类（subsumption testing）、一致性检查（consistency checking）。

本体的创建可遵循一定的步骤。实用而准确的本体创建原则和步骤，是创建高质量本

---

① Studer R，Benjamins V R，Fensel D.Knowledge engineering：principles and methods[J].Data & knowledge engineering，1998，25(1-2)：161-197.

体的关键要素之一。本体的创建应本着应用型、专业性、共享性和概念最小化的原则①。美国斯坦福大学的 Natalya F. Noy 和 Deborah L. McGuinness 提出了创建本体的七个步骤②,如图 6-1 所示。

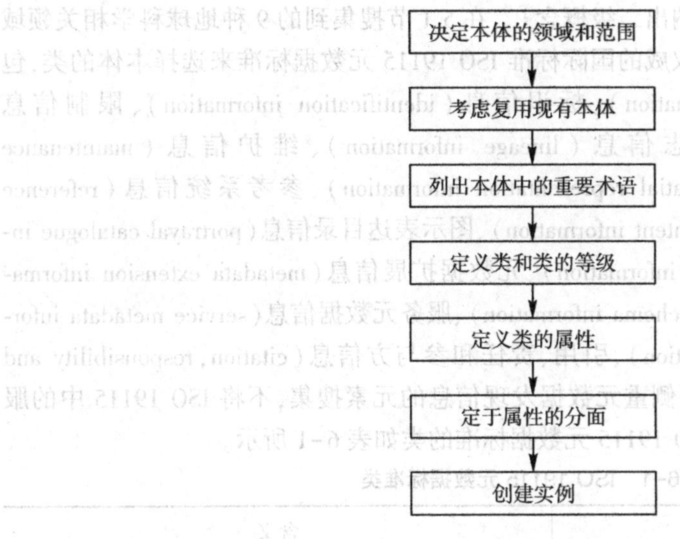

图 6-1　创建本体的七个步骤

基于本体的元数据互操作的原理为:将元数据看作研究对象,本体软件可以建立元数据元素之间的关系,就是把元数据元素关联起来,实现元数据之间的互操作。

6.2　本体构建过程

以上文中选择的 9 种地球科学科学数据相关领域的元数据为研究对象,参考美国斯坦福大学的 Natalya F. Noy 和 Deborah L. McGuinness 提出的创建本体的七个步骤来建立本体,包括决定本体的领域和范围、定义类及类的层次、创建属性、元数据元素之间的关系可视化及 RDF 文档的生成。

6.2.1　决定本体的领域和范围

预建立的本体涉及的领域和范围为:地球科学科学数据相关领域平台的元数据元素;在考虑是否复用现有本体方面,由于没有找到相关现有本体,因此考虑自己建立,不复用,在建立本体时,通过手工的方法对元数据元素进行映射。

6.2.2　定义类及类的层次

建立本体需要定义类及类的层次。有三种定义的方法可以使用,分别为自顶向下法、自底向上法和混合方法。第一种方法为自顶向下法,是先建立一般的概括性的概念,再建立具

① 司莉.信息组织原理与方法[M].武汉大学出版社, 2011:275.

② Natalya F. Noy and Deborah L. McGuinness.Ontology development 101: A guide to creating your first ontology[EB/OL].[2016-8-25].http://citeseerx.ist.psu.edu/viewdoc/download? doi=10.1.1.136.5085&rep=rep1&type=pdf.

体细小的概念;第二种方法为自底向上法,是先列举具体的概念,再对具体的概念进行归纳,建立概括性的概念;第三种方法将自顶向下法与自底向上法相结合,即为混合方法。在本书中,采用的方法为混合方法,即先采用自顶向下的方法建立概括性的一级概念,再采用自底向上的方法列举具体概念,并归纳出二级概念①。在5.1节搜集到的9种地球科学相关领域科学数据元数据当中,首先依据权威的国际标准ISO 19115元数据标准来选择本体的类,包括元数据信息(metadata information)、标识信息(identification information)、限制信息(constraint information)、数据志信息(lineage information)、维护信息(maintenance information)、空间表示信息(spatial representation information)、参考系统信息(reference system information)、内容信息(content information)、图示表达目录信息(portrayal catalogue information)、分发信息(distribution information)、元数据扩展信息(metadata extension information)、应用模式信息(application schema information)、服务元数据信息(service metadata information)、范围信息(extent information)、引用、责任和参与方信息(citation, responsibility and party information)。由于本书主要侧重元数据发现信息的元素搜集,不将ISO 19115中的服务元数据信息方面包含在内。ISO 19115元数据标准的类如表6-1所示。

表6-1 ISO 19115元数据标准类

类	含义
元数据信息(metadata information)	根实体,定义关于资源或资源的元数据
标识信息(identification information)	提供用于唯一地标识资源的基本信息
限制信息(constraint information)	支持提供资源和关于资源的元数据方面的法律和安全限制
数据志信息(lineage information)	关于生产资源的来源和生产过程的元数据
维护信息(maintenance information)	用于资源或资源的元数据的维护范围和频率
空间表示信息(spatial representation information)	标识由资源使用的空间图元以及用于在数字信息系统中模拟现实世界现象的机制
参考系统信息(reference system information)	标识由一个类中的资源使用的空间,时间和参数参考系统
内容信息(content information)	通过以下方式识别资源的内容:引用用于定义内容的特征目录;合并特征目录;或描述覆盖资源的内容
图示表达目录信息(portrayal catalogue information)	识别所使用的描绘目录,描绘目录描述了如何呈现资源以用于人类可视化
分发信息(distribution information)	资源的分发者及相关信息

① 本体建构步骤[EB/OL].[2017-3-6].http://www.doc88.com/p-506830786242.html.

续表 6-1

类	含义
元数据扩展信息(metadata extension information)	提供关于用户指定的元数据扩展的信息
应用模式信息(application schema information)	描述用于定义和揭示资源结构的应用模式,应用模式是表示资源的模型/数据字典
范围信息(extent information)	是描述资源,对象,事件或现象的空间和时间范围的元数据元素的聚合
引用、责任和参与方信息(citation, responsibility and party information)	提供了用于引用资源的标准化方法,以及关于资源负责方的信息

本书主要依据表 6-1 中 ISO 19115 元数据标准的分类,并参考其他几种元数据的元素,补充 ISO 19115 元数据标准中没有涵盖的方面,由于 ISO 19115 中的元数据信息(Metadata information)类中关于资源的信息在其他部分有详细的元数据元素,仅将关于揭示元数据的信息作为一个部分,本书将元数据信息修改为元数据参考信息(Metadata reference information),元数据参考信息指关于元数据及其责任方的信息;增加质量信息(Quality information)部分,其中质量信息部分提供资源质量的总体评价信息。

本书使用本体软件 Protégé 4.3 对元数据建立本体。Protégé 是由斯坦福大学医学院的斯坦福大学生物医学信息学研究中心开发,用于建立智能系统的免费、开源的本体编辑器和框架。Protégé 受到强大的学术,政府和企业用户团体的支持,Protégé 被使用在生物医学、电子商务和组织建模等领域,建立基于知识的解决方案①。本书依据表 6-1 中元数据的类,将其中的"元数据信息"改为"元数据参考信息",并加上"质量信息",共 15 个类,打开 Protégé,在标签栏中点击"Classes",在浏览框中,"Thing"("Classes"中的"Thing"的类,它是一个超类,是所有类的顶层类)下添加 15 个"Thing"的子类,如图 6-2 所示。

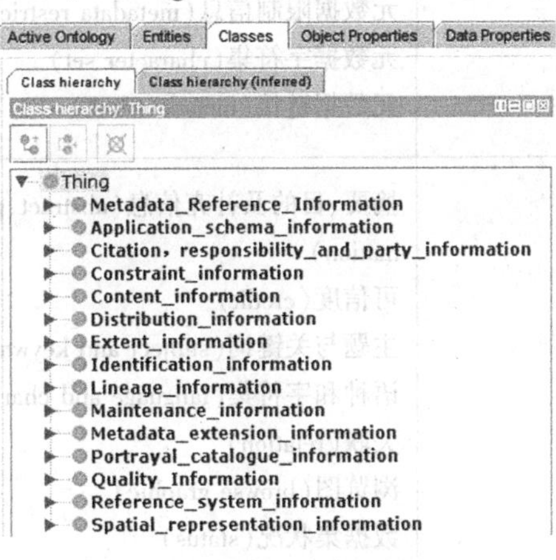

图 6-2　元数据本体类的建立

① Protégé[EB/OL].[2017-3-6].http://protege.stanford.edu/.

本体软件上带有OntoGraf插件,能以可视化的方式查看所建立的类及关系,一级类目的可视化信息如图6-3所示。

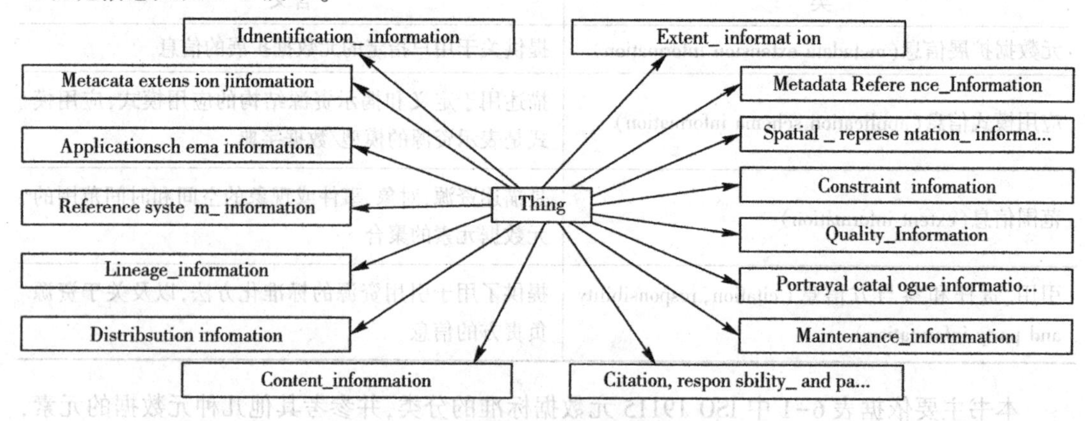

图6-3 元数据本体一级类目的可视化

以上采用自顶向下的方法建立了超类“Thing”下的一级类目,之后研读每个搜集到的元数据的相关文件及资料,根据元数据元素的语义,将元数据元素放置在所属合适的一级类目当中。之后采用由低向上法,对具体的、细小的概念进行归类。一级类目(二级类目数量)及二级类目的具体情况如表6-2所示。

表6-2 本体元数据的一级类目(二级类目数量)及二级类目划分

一级类目[二级类目数量(个)]	二级类目
元数据参考信息(7) (metadata reference information)	元数据标准名称及版本(metadata standard name and version) 元数据标识符(metadata identifier) 元数据创建及修订日期(metadata creation and revision date) 元数据联系方(metadata contact) 元数据限制信息(metadata restriction information) 元数据字符集(character set) 元数据链接(metadata link)
标识信息(10) (identification information)	摘要、目的及补充信息(abstract、purpose and supplemental information) 可信度(credit) 主题与关键词(subject and keywords) 语种和字符集(language and character set) 关联(relation) 浏览图(browse graphic) 数据集状况(status) 环境描述(environment description) 处理水平(processing level) 地址数据附加信息(EQ additional information)

续表 6-2

一级类目[二级类目数量(个)]	二级类目
限制信息(7) (constraint information)	访问和使用限制信息(access and use constraints) 安全限制(security constraints) 其他限制(other constraints) 限制应用范围(constraint application scope) 图形(graphic) 参考(reference) 负责方(responsible party)
数据志信息(6) (lineage information)	陈述(statement) 生产步骤信息(process step information) 来源信息(source information) 附加文档(additional documentation) 范围(scope) 覆盖内容类型(coverage content type)
维护信息(4) (maintenance information)	维护和更新频率(maintenance and update frequency) 维护日期(maintenance date) 维护范围(maintenance scope) 维护说明(maintenance note)
质量信息(4) (quality information)	属性精度(attribute accuracy) 完整性报告(completeness report) 位置精度(positional accuracy) 逻辑一致性报告(logical consistency report)
空间表示信息(9) (spatial representation information)	网格空间表示(grid spatial representation) 校准(georectified) 地理参考(georeferenceable) 空间数据组织信息(spatial data organization information) 空间表示类型(spatial representation type) 空间参考信息(spatial reference information) 数据解析(data resolution) 垂直坐标系定义(vertical coordinate system definition) 单位及正方向信息(units and positive information)

续表 6-2

一级类目[二级类目数量(个)]	二级类目
参考系统信息(6) (reference system information)	空间分辨率(spatial resolution) 坐标参照系(coordinate reference system) 影像标识(image identification) 参考系统标识符(reference system identifier) 参考系统类型(reference system type) 时间参照系及时间分辨率(time reference system and temporal resolution)
内容信息(7) (content information)	数据层说明(coverage description) 资源域(resource domain) 内容描述(content description) 类型(type) 实体和属性信息(entity and attribute information) 特征类型目录及其描述 (feature catalogue and feature catalogue description) 图像描述(image description)
图示表达目录信息(1) (portrayal catalogue information)	图示表达目录参照(portrayal catalogue reference)
分发信息(6) (distribution information)	描述(description) 数字传输选项信息(digital transfer options information) 分发格式(distribution format) 分发者信息(distributor information) 分发大小(distribution size) 设备(instrument)
元数据扩展信息(2) (metadata extension information)	扩展在线资源(extension online resource) 扩展元素信息(extended element information)
应用模式信息(7) (application schema information)	名称(name) 模式语言(schema language) 约束语言(constraint language) ascii 码文件(schema ASCII) 图形文件(graphics file) 软件开发文件(software development file) 软件开发文件格式(software development file format)

续表 6-2

一级类目[二级类目数量(个)]	二级类目
范围信息(4) (extent information)	描述(description) 地理元素(geographic element) 时间元素(temporal element) 垂向元素(vertical element)
引用、责任和参与方信息(13) (citation, responsibility and party information)	题名(title) 日期和时间(date and time) 版本(edition) 标识符(identifier) 负责方信息(responsible party information) 出版信息(publication information) 表示格式(presentation form) 系列(series) 其他信息(other citation details) 国际标准书号(isbn) 国际标准期刊号(issn) 在线资源(online resource) 图形(graphic)

为了更清楚二级类目的内容范围,如表 6-3 所示,对元数据二级类目及其语义进行了描述。

表 6-3　元数据二级类目及其语义描述

一级类目	二级类目	二级类目内容
元数据参考信息	元数据标准名称及版本	元数据标准的名称与元数据标准的版本信息
	元数据标识符	元数据的唯一标识符
	元数据创建及修订日期	元数据创建的日期以及元数据修订的日期,包含元数据的创建日期、元数据上次修订日期、元数据未来修订日期等
	元数据联系方	对元数据信息负责的单位或个人
	元数据限制信息	访问和使用元数据的限制和法律条件,以及处理由于国家安全、隐私或其他问题而对元数据施加的限制
	元数据字符集	元数据集使用的字符编码标准的全名
	元数据链接	提供指向此数据集或包含此数据集的集合的完整元数据记录的链接

续表 6-3

一级类目	二级类目	二级类目内容
标识信息	摘要、目的及补充信息	简要叙述资源概要、资源开发的意图及关于资源的任何其他描述性信息
	可信度	对资源做出贡献者的认可
	主题与关键词	有关资源内容的主题描述
	语种和字符集	数据集采用的语言以及数据集使用的字符编码标准全称
	关联	与资源相关联的其他文档。例如相关文章、出版物、用户指南、数据字典
	浏览图	说明资源的图形(应包括图形的图例)
	数据集状况	描述关于数据集生产状态的完整性
	环境描述	描述生产者的处理环境中的资源,如软件、计算机操作系统、文件名和大小
	处理水平	标识资源的生产者编码系统中的处理级别的代码
	地址数据附加信息	提供关于地震数据的附加属性
限制信息	访问和使用限制信息	访问和使用资源或元数据的限制和法律上的先决条件,即为确保隐私权或保护知识产权,对获取和使用资源或元数据施加的访问和使用限制,以及任何特殊的约束或限制
	安全限制	为了国家安全或类似的安全考虑,对资源或元数据施加的处理限制
	其他限制	访问和使用资源或元数据的其他限制和法律先决条件
	限制应用范围	空间、时间范围、约束限制的应用级别
	图形	指示约束的图形/符号
	参考	限制或约束的说明,如版权声明、许可协议等
	负责方	资源约束的负责方
数据志信息	陈述	数据生产者有关数据集数据志信息的一般说明
	生产步骤信息	关于资源生命周期中的事件或变换的信息,包括用于维护资源的过程
	来源信息	有关用于创建范围指定的数据的源数据的信息
	附加文档	描述生成此资源(例如数据集)的整个过程的出版物
	范围	数据志信息适用的资源类型/范围
	覆盖内容类型	指示数据源(图像、主题分类、物理测量、辅助信息、质量信息、参考信息、模型结果或坐标)的 ISO 19115-1 代码

续表 6-3

一级类目	二级类目	二级类目内容
维护信息	维护和更新频率	在资源初次完成后,对其进行修改和补充的频率
	维护日期	与资源维护相关的日期信息,包含修订日期
	维护范围	维护信息适用的资源类型/范围
	维护说明	关于维护资源的特定要求的信息
质量信息	属性精度	对实体识别的准确性的评估以及数据集中属性值的分配
	完整性报告	关于省略、选择标准、概括、所使用的定义以及用于导出数据集的其他规则的信息
	位置精度	空间对象的位置的准确性的评估
	逻辑一致性报告	对数据集中的关系的保真度和使用的测试的解释
空间表示信息	网格空间表示	关于资源中网格空间对象的信息
	校准	在空间参考系统中定义的网格的单元格在地理(即纬/经度)或地图坐标系中能被规则地间隔开,使得网格中的任何单元格可以在给定其网格坐标和网格原点、单元格空间和方向的情况下被定位
	地理参考	具有在任何给定地理/地图投影坐标系中不规则间隔的单元网格
	空间数据组织信息	用于表示数据集中的空间信息的机制
	空间表示类型	用于表示空间地理信息的方法
	空间参考信息	数据集参考框架、编码和坐标描述
	数据解析	两个相邻的地理、垂直或时间值之间的差异
	垂直坐标系定义	测量垂直距离(高度或深度)的参考系或系统
	单位及正方向信息	定义地理空间经度、纬度、垂直值的最小和最大值属性的单位;垂直值,向上为“高度”,向下为“深度”,正值参考相应的数据测量
参考系统信息	空间分辨率	一般了解数据集中空间数据密度的参数
	坐标参照系	坐标系统的元数据
	影像标识	标识卫星影像数据集或卫星影像数据集系列所需要的信息
	参考系统标识符	参考系统的标识符和代码空间
	参考系统类型	参考系统适用类型
	时间参照系及时间分辨率	时间参照系数据集使用的时间参照系说明;时间分辨率指资源中的最小可解析时间周期

续表 6-3

一级类目	二级类目	二级类目内容
内容信息	数据层说明	有关网格数据网格单元内容的信息
	资源域	数据集所在的资源范围
	内容描述	数据集内容描述
	类型	有关资源内容的种类或类型
	实体和属性信息	有关数据集的信息内容的详细信息,包括实体类型、它们的属性以及可以分配属性值的域
	特征类型目录及其描述	特征类型目录描述指识别特征目录或概念模式的信息;特征类型目录指功能类型的目录
	图像描述	关于图像适用性的信息
图示表达目录信息	图示表达目录参照	提供为资源图示表达而规定的编目规则信息
分发信息	描述	简要描述一组分发选项
	数字传输选项信息	提供关于从分发者获得资源的技术手段和媒体的信息
	分发格式	分发数据的格式说明
	分发者信息	有关分发者的信息
	分发大小	整个数据集的大小,如果数据被压缩,指出压缩的方法
	设备	观测仪器(传感器)名称
元数据扩展信息	扩展在线资源	包含资源社区简档名称、扩展的元数据元素和用于所有新元数据元素的在线资源信息
	扩展元素信息	提供有关描述资源所需的 ISO 19115 中未找到的新元数据元素的信息
应用模式信息	名称	使用的应用模式名称
	模式语言	使用的模式语言标识
	约束语言	应用模式使用的形式语言
	ASCII 码文件	用 ASCII 文件给出的完整应用模式
	图形文件	用图形文件给出的完整应用模式
	软件开发文件	用软件开发文件给出的完整应用模式
	软件开发文件格式	用于应用模式软件相关文件的软件相关格式

续表 6-3

一级类目	二级类目	二级类目内容
范围信息	描述	有关对象的空间和时间覆盖范围
	地理元素	有关对象覆盖范围的地理组成部分
	时间元素	有关对象覆盖范围的时间组成部分
	垂向元素	有关对象覆盖范围的垂向组成部分
引用责任和参与方信息	题名	已知的引用资源名称
	日期和时间	引用资源的有关日期和时间
	版本	引用资源的版本、出版物的卷、期号(如果适用)、版本日期等
	标识符	数据集的标识符、链接到与数据相关的信息网站等
	负责方信息	有关的负责者和单位的标识及联系方法;包括负责资源的个人或组织的角色,名称,联系人和位置信息等
	出版信息	有关资源出版的信息,包括出版者名称、出版者类型、出版日期、出版地等
	表示格式	引用资源的表达方式
	系列	数据集为其一部分的数据集系列或聚集数据集信息
	其他信息	完成对其他地方未记录的资源引用所需的其他信息
	国际标准书号	国际标准书号
	国际标准期刊号	国际标准系列号
	在线资源	可以获取数据集、规范、领域专用标准名称和扩展的元数据元素的在线资源信息
	图形	引用图形或标志

在建立元数据的一级类目和二级类目的过程中,为了在本体中方便地区分不同元数据标准的元数据元素,将世界大气遥感数据中心(ISO 19115)简写为 ISO 19115;将国家环境信息中心海洋地质数据(NCEI 海洋地质数据存档元数据)简写为 MGDA;将康奈尔大学地理空间信息机构库(CSDGM)简写为 CSDGM;将全球变化主目录(DIF)简写为 DIF;将地热数据存储库(DC)简写为 DC;将跨学科地球数据联盟(DataCite 元数据模式)简写为 DataCite;将国家地震科学数据共享中心(China Earthquake Data Center,地震数据　元数据编写指南)简写为 CEDC;将生物和化学海洋学数据管理办公室(BCO-DMO 数据集元数据)简写为 BCODMO;将国家环境信息中心海洋和大气管理(NCEI netCDF 2.0 模板)简写为 NCEI。为了区分元数据元素的归属,即其属于哪一个元数据,在其后括号内进行注明,如摘要 Abstract (ISO 19115),即来自 ISO 19115 元数据标准的摘要元数据元素。对个别语义不明确的元素,未录入 Protégé 中。

6.2.3 创建属性

属性代表2个对象之间的关系,本书主要创建对象属性,对象属性用于连接对象和对象。元数据元素之间包含5种关系,包括相等关系、相关关系、整体-部分关系、部分-整体关系以及不相关关系。相等关系指元数据元素语义精确匹配的关系;相关关系指元数据元素的语义有重叠部分,但其不属相等关系、整体-部分关系、部分-整体关系;整体-部分关系指一种元数据元素的语义包含另一种元数据语义的关系;部分-整体关系指一种元数据元素的语义属于另一种元数据元素语义的一部分的关系;不相关关系指元数据元素的语义范围没有交叉的关系,在本体软件中选择不建立元数据元素之间的关系,即表示其为不相关的关系。笔者建立的五种对象属性为相等关系(Equivalent to)、相关关系(in relation to)、整体-部分(has_part)、部分-整体(is_part_of)、不相关。相等关系采用软件中的"Equivalent to"来建立。具体建立对象属性的过程为:在 Protégé 标签栏中点击对象属性(Object Properties),在顶层对象属性(topObjectProperty)下添加子类"has_part""is_part_of""in_relation_to",如图6-4所示。在浏览框中,将"in relation to"设置为对称属性(Symmetric);将"has_part""is_part_of"设置为可传递(Transitive)属性,可传递属性指若A包含B,B包含C,则A也包含C,如图6-5所示。A为B的一部分,B为C的一部分,则A也为C的一部分,如图6-6所示,"has_part"和"is_part_of"这两种对象属性互为逆属性(即A为B的一部分,B就为A的整体)。将"has_part"和"is_part_of"设置为可传递属性,并建立两个属性互为逆属性,如图6-7所示。

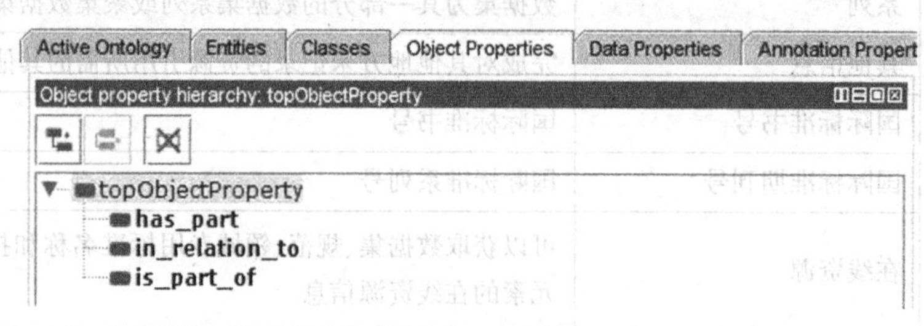

图6-4 对象属性的建立

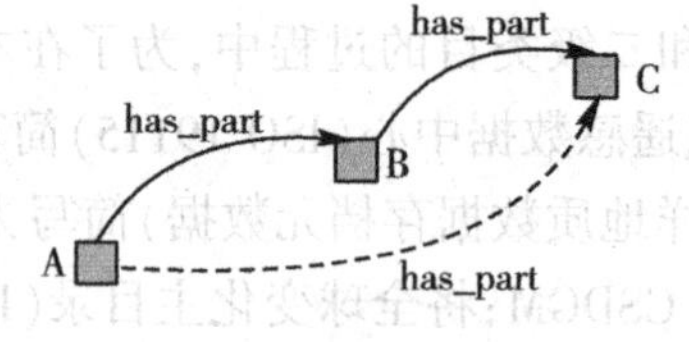

图6-5 可传递属性"has_part"

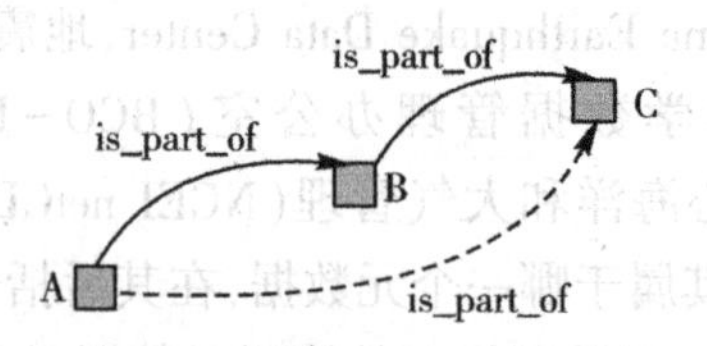

图6-6 可传递属性"is_part_of"

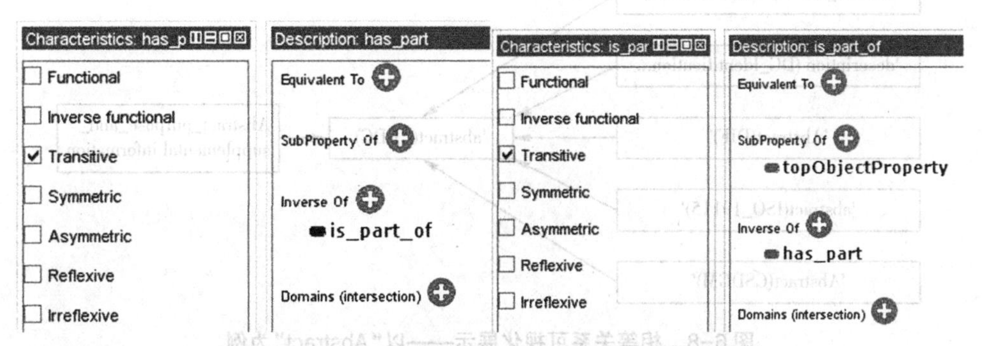

图6-7 "has_part"和"is_part_of"互为逆属性的设置

6.2.4 元数据元素之间的关系可视化

本书对使用本体软件Protégé建立的元数据元素之间的关系进行展示,除了不相关关系不用建立外,对其他四种关系(相等关系、相关关系、整体-部分关系、部分-整体关系)进行展示。

1)相等关系

以标识信息(identification information)中的元数据元素"Abstract(CEDC)"为例,元数据元素的语义如表6-4所示,可视化如图6-8所示。

表6-4 元数据元素的语义——以"Abstract(CEDC)"为例

元数据元素	语义
Abstract(CEDC)	资源内容的简单说明
Abstract(CSDGM)	数据集的简要叙述性摘要
Abstract(DIF)	数据集的简单描述
Abstract(ISO 19115)	简要叙述资源概要
Dataset description(BCODMO)	描述这些数据的简短句子(最好小于60个字符)
Description(DC)	对资源内容的说明

经过判断,表6-4中各种元数据元素的"Abstract"语义为相等,通过"Equivalent to"建立这些元数据元素的相等关系。在左侧浏览框中点击元数据元素"Abstract(CEDC)",元数据元素及其关系的可视化如图6-8所示:右侧的"Abstract_purpose_and_supplemental information"为其上位类,左侧的标签为语义相等的其他元数据元素。

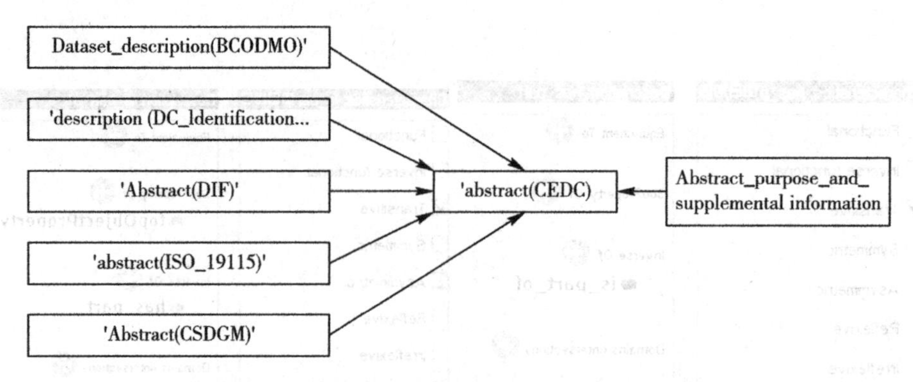

图 6-8　相等关系可视化展示——以"Abstract"为例

2)相关关系

以范围信息(identification information)中的元数据元素 Agrregate Information(CEDC)为例,元数据元素的语义如表 6-5 所示,可视化如图 6-8 所示。

表 6-5　元数据元素的语义——以"Agrregate Information(CEDC)"为例

元数据元素	语义
Agrregate Information(CEDC)	与本数据集相关的数据集系列的信息
Additional Documentation(ISO 19115)	与资源相关联的其他文档。例如相关文章、出版物、用户指南、数据字典
Associated Resource(ISO 19115)	相关资源信息,包括关于相关资源的引用信息,资源之间的关系类型,生产相关资源的初始类型,对相关资源的元数据的引用
Cross Reference(CSDGM)	关于可能感兴趣的其他相关数据集的信息
Relation(DC)	对相关资源的参照
General Documentation(MGDA)	出版者的网站;有关数据的信息网页,包括文档和数据下载链接
Associated Resources(MGDA)	列举了一些相关的网站

经过判断,表 6-5 中各种元数据元素的语义为相关,通过"in_relation_to"建立其他元数据元素与 Agrregate Information(CEDC)之间的关系,在左侧浏览框中点击元数据元素"Agrregate Information(CEDC)",元数据元素及其关系的可视化如图 6-9 所示;点击元数据对象之间的箭头连线,可视化工具能显示出元数据对象之间的关系。右侧的标签为"Agrregate Information(CEDC)"的上位类和子类,左侧的标签为语义相关的元数据元素。

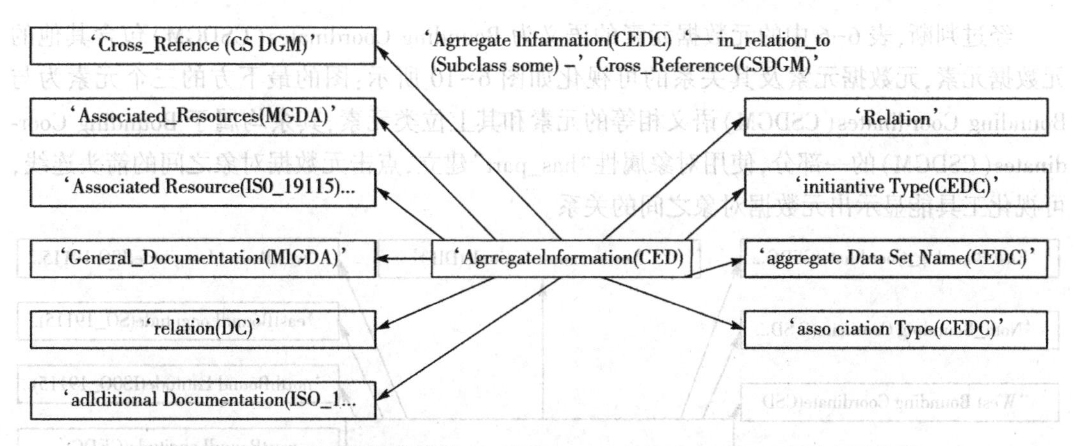

图 6-9　相关关系可视化展示——以"Agrregate Information(CEDC)"为例

3)整体-部分关系

以范围信息(extent information)中的元数据元素 Bounding Coordinates(CSDGM)为例,元数据元素的语义如表 6-6 所示,可视化如图 6-10 所示。

表 6-6　元数据元素的语义——以"Bounding Coordinates(CSDGM)"为例

元数据元素	语义
Bounding Coordinates(CSDGM)	边界坐标,指由纬度和经度值表示的数据集的覆盖范围。包括最西部、最东部、最北部和最南部
westBoundLongitude	最西端的资源范围极限的坐标,以十进制度的经度表示(正东)
eastBoundLongitude	东经最大的资源范围极限的坐标,以经度十进制度(正东)
southBoundLatitude	最南端的资源范围极限的坐标,以十进制度的纬度表示(正北)
northBoundLatitude	以十进制度的纬度表示的资源范围的极限的最北坐标(正北)
Southermost_Latitude	数据覆盖的最南端的地理纬度
Northernmost_Latitude	数据覆盖的最北端的地理纬度
Westernmost_Longitude	数据覆盖的最西端的地理经度
Easternmost_Longitude	数据覆盖的最东端的地理经度
westBoundLongitude	数据集覆盖范围最西边坐标,用十进制经度表示(东半球为正)
eastBoundLongitude	数据集覆盖范围最东边坐标,用十进制经度表示(东半球为正)
southBoundLatitude	数据集覆盖范围最南边坐标,用十进制纬度表示(北半球为正)
northBoundLatitude	数据集覆盖范围最北边坐标,用十进制纬度表示(北半球为正)
West Bounding Coordinate	覆盖范围最西边的坐标,以经度表示
East Bounding Coordinate	覆盖范围最东边的坐标,以经度表示
North Bounding Coordinate	覆盖范围最北边的坐标,以纬度表示
South Bounding Coordinate	覆盖范围最南边的坐标,以纬度表示

经过判断,表 6-6 中的元数据元素的语义为 Bounding Coordinates(CSDGM)包含其他的元数据元素,元数据元素及其关系的可视化如图 6-10 所示:图的最下方的三个元素为与 Bounding Coordinates(CSDGM)语义相等的元素和其上位类元素,其余均属于 Bounding Coordinates(CSDGM)的一部分,使用对象属性"has_part"建立,点击元数据对象之间的箭头连线,可视化工具能显示出元数据对象之间的关系。

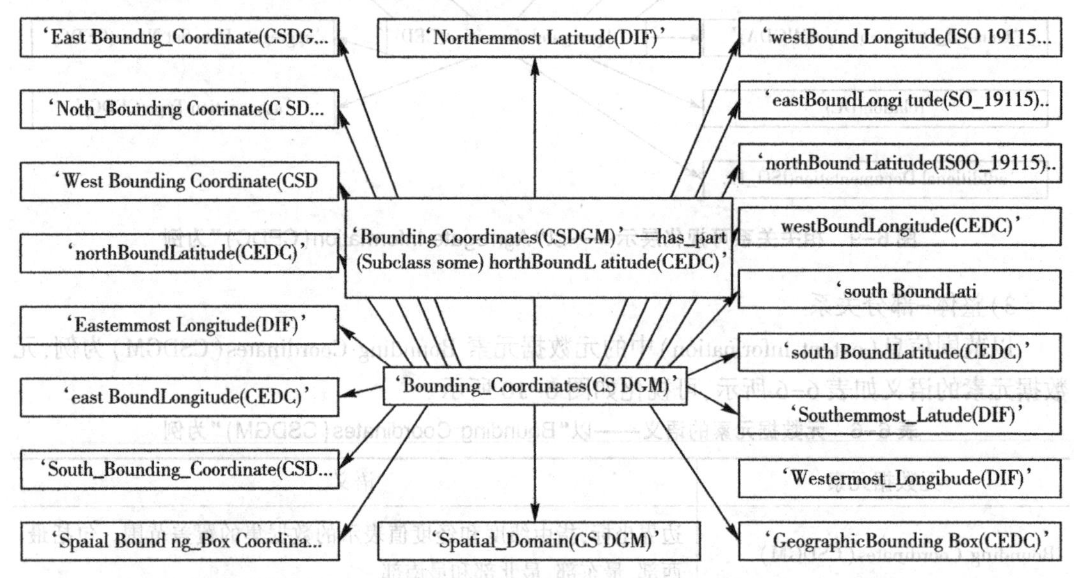

图 6-10 整体部分关系可视化展示——以"Bounding Coordinates(CSDGM)"为例

4)部分-整体关系

以引用、责任和参与方信息(citation, responsibility and party information)中的元数据元素 Postal Code(DIF)为例,元数据元素的语义如表 6-7 所示,可视化如图 6-11 所示。

表 6-7 元数据元素的语义——以"Postal Code(DIF)"为例

元数据元素	语义
Postal Code(DIF)	个人或组织的邮政编码
Contact Address(DIF)	联系地址,包括省或州、邮政编码、国家等
Address(CECD)	可以与负责人或负责单位联系的物理地址和电子邮件地址
Contact Address(CSDGM)	组织或人的地址
Address Information(ISO 19115)	负责人或组织的位置

经过判断,表 6-7 中的元数据元素的语义为 Postal Code(DIF)属于其他的元数据元素的一部分,元数据元素及其关系的可视化如图 6-11 所示:图的左方三个元素为 Postal Code(DIF)的语义相等元素,图的右方三个元素为与 Postal Code(DIF)有整体-部分关系的元素,使用对象属性"in_part_of"建立,点击元数据对象之间的箭头连线,可视化工具能显示出元数据对象之间的关系。

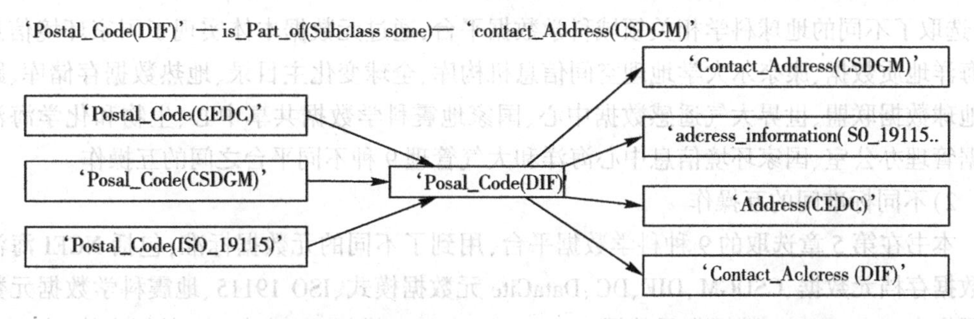

图 6-11　部分整体关系可视化展示——以"Postal_Code(DIF)"为例

6.2.5　RDF 文档的生成

使用 Protégé 软件建立完本体后,能自动生成描述本体中概念及概念与概念间关系的 RDF 文档,使用浏览器打开,元数据参考信息(metadata reference information)部分的文档如图 6-12 所示,这部分完整的文档见附录。

```
▼<!--
   http://www.semanticweb.org/administrator/ontologies/2017/2/untitled-ontology-14#Last_DIF_Revision_Date(DIF)
 -->
▼<owl:Class rdf:about="http://www.semanticweb.org/administrator/ontologies/2017/2/untitled-ontology-14#Last_DIF_Revision_Date(DIF)">
   <owl:equivalentClass rdf:resource="http://www.semanticweb.org/administrator/ontologies/2017/2/untitled-ontology-14#Metada_Review_Date(CSDGM)"/>
   <owl:equivalentClass rdf:resource="http://www.semanticweb.org/administrator/ontologies/2017/2/untitled-ontology-14#date_metadata_modified(NCEI)"/>
   <rdfs:subClassOf rdf:resource="http://www.semanticweb.org/administrator/ontologies/2017/2/untitled-ontology-14#Metadata_creation_and_revision_date"/>
 </owl:Class>
▼<!--
   http://www.semanticweb.org/administrator/ontologies/2017/2/untitled-ontology-14#Metada_Review_Date(CSDGM)
 -->
▼<owl:Class rdf:about="http://www.semanticweb.org/administrator/ontologies/2017/2/untitled-ontology-14#Metada_Review_Date(CSDGM)">
   <owl:equivalentClass rdf:resource="http://www.semanticweb.org/administrator/ontologies/2017/2/untitled-ontology-14#date_metadata_modified(NCEI)"/>
   <rdfs:subClassOf rdf:resource="http://www.semanticweb.org/administrator/ontologies/2017/2/untitled-ontology-14#Metadata_creation_and_revision_date"/>
  ▼<rdfs:subClassOf>
    ▼<owl:Restriction>
       <owl:onProperty rdf:resource="http://www.semanticweb.org/administrator/ontologies/2017/2/untitled-ontology-14#is_part_of"/>
       <owl:someValuesFrom rdf:resource="http://www.semanticweb.org/administrator/ontologies/2017/2/untitled-ontology-14#Metadata_Date(CSDGM)"/>
     </owl:Restriction>
   </rdfs:subClassOf>
 </owl:Class>
▼<!--
   http://www.semanticweb.org/administrator/ontologies/2017/2/untitled-ontology-14#Metadata_Access_Constraints(CSDGM)
 -->
▼<owl:Class rdf:about="http://www.semanticweb.org/administrator/ontologies/2017/2/untitled-ontology-14#Metadata_Access_Constraints(CSDGM)">
   <rdfs:subClassOf rdf:resource="http://www.semanticweb.org/administrator/ontologies/2017/2/untitled-ontology-14#Metadata_restriction_information"/>
 </owl:Class>
▼<!--
   http://www.semanticweb.org/administrator/ontologies/2017/2/untitled-ontology-14#Metadata_Contact(CSDGM)
 -->
▼<owl:Class rdf:about="http://www.semanticweb.org/administrator/ontologies/2017/2/untitled-ontology-14#Metadata_Contact(CSDGM)">
   <owl:equivalentClass rdf:resource="http://www.semanticweb.org/administrator/ontologies/2017/2/untitled-ontology-14#metadataContact(CEDC)"/>
   <rdfs:subClassOf rdf:resource="http://www.semanticweb.org/administrator/ontologies/2017/2/untitled-ontology-14#Metadata_contact"/>
```

图 6-12　Protégé 软件自动生成的 RDF 文档

6.3　基于本体的地球科学科学数据元数据互操作的应用

本书通过本体软件 Protégé 建立元数据元素之间的关系,相关的元数据元素以网状的形式彼此联系起来。当用户在检索资源时,系统可以在已经建立关系的元数据元素字段中搜索,可以将不同的元数据标准描述的相关信息资源检索出来,通过实现元数据之间的互操作,便于信息资源的检索和利用。通过对元数据创建本体,还可以实现不同平台、不同语种、不同标准等之间的互操作,方便资源的一站式获取。

1)不同平台科学数据元数据的互操作

元数据本体能实现不同平台间科学数据元数据的互操作。在本书的第 5 章及第 6 章中,选取了不同的地球科学相关领域科学数据平台,通过元数据本体实现了国家环境信息中心海洋地质数据、康奈尔大学地理空间信息机构库、全球变化主目录、地热数据存储库、跨学科地球数据联盟、世界大气遥感数据中心、国家地震科学数据共享中心、生物和化学海洋学数据管理办公室、国家环境信息中心海洋和大气管理 9 种不同平台之间的互操作。

2)不同标准间的互操作

本书在第 5 章选取的 9 种科学数据平台,用到了不同的元数据标准,包括 NCEI 海洋地质数据存档元数据、CSDGM、DIF、DC、DataCite 元数据模式、ISO 19115、地震科学数据元数据编写指南、BCO-DMO 数据集元数据、NCEI netCDF 2.0 模板,通过建立元数据本体,实现了不同科学数据元数据标准之间的互操作。

以二级类"获取限制(access constraints)"为例,元数据本体将来自于不同元数据的元素关联起来,如图 6-13 所示;这 9 种元数据标准并不局限使用于以上提到的科学数据平台,即通过建立元数据本体,透过元数据标准之间的互操作,可以实现更多使用这些元数据标准的平台之间的互操作。

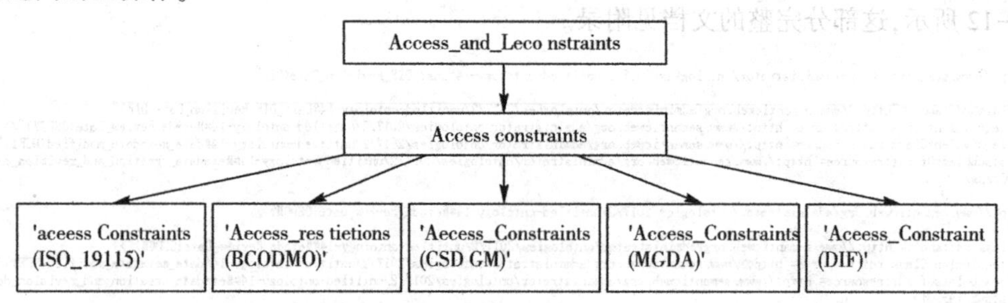

图 6-13　元数据本体实现不同标准间的互操作——以"Access constraints"为例

3)不同语种科学数据元数据的互操作

通过建立元数据本体,可以实现使用不同语种描述的元数据元素之间的互操作,例如实现中外的元数据之间的互操作,笔者在建立元数据本体时,考虑到软件的汉化功能,在建立中文元数据元素时,采用了使用其对应的英文名称,其实软件亦可直接建立使用不同语种描述的元数据元素之间的关系,实现元数据之间的互操作。为了说明不同语种科学数据的元数据之间可以通过本体实现互操作,笔者以地震科学数据元数据元素"数据集语种"为例,新建立一个本体,与"数据集语种"有关的元数据元素语义如表 6-8 所示;可视化如图 6-14 所示。

表 6-8　不同语种的有关元数据元素语义——以"数据集语种(CEDC)"为例

元数据元素	语义
数据集语种(CEDC)	数据集采用的语言
Data_Set_Language(DIF)	数据的准备、存储和描述的语言,此处指的是信息对象语言,不是用来描述或链接元数据记录的语言
Language(DC)	描述资源知识内容的语种

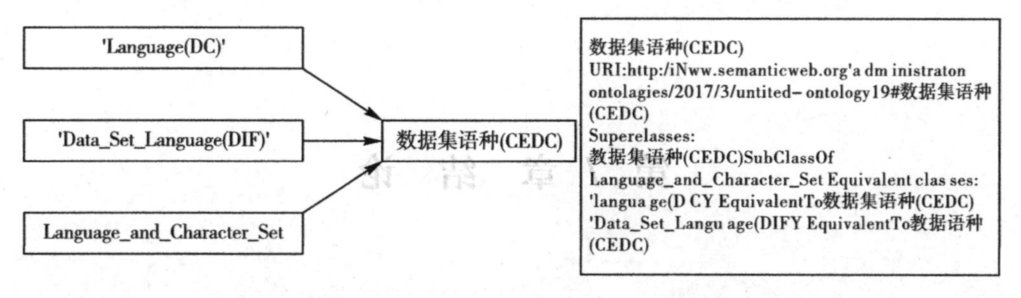

图6-14　不同语种的有关元数据元素关系展示——以“数据集语种(CEDC)”为例

由图6-14可知,Language_and_Character_Set为“数据集语种(CEDC)”的上位类,“Data_Set_Language(DIF)”和“Language(DC)”是与“数据集语种(CEDC)”相等的元数据元素,可见,使用本体能实现不同语种元数据元素之间的互操作。

第 7 章 结 论

7.1 研究结论

科学数据是科学研究的重要资料，其重要性越来越被研究者及用户所认可，科学数据不仅可以用来证伪，科学数据与相关文献的结合还能更好地揭示科学研究的过程，使科学研究更加透明化，科学数据也可以作为科学研究的起点，节省科学数据的搜集及组织成本，在已有相关科学数据的基础上进行科学研究等。对科学数据资源的组织是检索及利用科学数据的前提，元数据是组织及揭示科学数据资源的重要途径，面对使用各种不同的元数据格式描述的科学数据资源，如何实现资源之间的统一检索，使用户一站式获取资源，是本书研究的主要内容，即如何实现元数据之间的互操作。笔者选择地球科学相关领域的科学数据元数据标准，以元数据为对象，在语义层面，深入探讨元数据之间的互操作问题。研究结论主要体现在以下几个方面。

1）科学数据元数据互操作具有必要性及可行性

科学数据元数据的互操作具备必要性及可行性。

必要性包括如下三个方面：①元数据标准的多样性使得元数据之间互换困难；如搜集到的地球科学相关领域科学数据的元数据标准包括 CSDGM、ISO 19115、目录交换格式、地球观测系统信息中心元数据、澳大利亚新西兰土地信息局元数据、地理信息元数据、NREDIS 信息共享元数据内容标准草案、国家基础地理信息系统（NFGIS）元数据标准草案（初稿）、北卡罗来纳州和地方政府的地理空间数据和服务的元数据文档等。②元数据标准之间存在的差异是元数据互操作存在的主要问题。从集合论的角度看，元数据之间至少存在着相容、相交、相等和互斥四种关系。③元数据互操作是数字资源整合的基础。使用元数据对科学数据资源进行描述，不同的元数据格式间通过映射等元数据互操作方式建立关联，将分散的资源联系起来，并提供统一的界面，实现科学数据资源的统一检索。

可行性体现在如下两个方面：①元数据功能的不断完善是选用元数据实现互操作的原因，元数据能用于数据发现、数据转换、数据管理和数据使用等方面，起到描述、定位、搜寻、评价和选择的作用。②元数据互操作技术的发展与实践成果提供的支撑。元数据互操作的技术有映射、通过中心元数据格式进行转换、应用规范、元数据注册系统、元数据登记系统、元数据衍化、转换、复用与集成、元数据框架、XML、RDF、XML 和 RDF 的融合、XSLT、协议（OAI 与 Z39.50）、API、关联数据等，以及在衍生方法、应用规范、映射、元数据框架、元数据注册系统、元数据扩展方面的实践成果，为元数据互操作提供支撑。

2)元数据互操作方法适用于科学数据领域

科学数据元数据指用于描述科学数据的元数据，本书通过划分元数据互操作的框架和层次，对在语义、语法和结构、协议层面的元数据互操作方法及其适用性进行分析，并通过与一般用于描述网络信息资源的元数据进行比较，总结科学数据元数据的特点，认为元数据互操作的方法可以应用于科学数据领域，结合科学数据的复杂多样性，可针对具体的研究对象对已有元数据互操作方法进行调整，也可参考其进行创新，提出新的适用于科学数据资源的互操作方法，扩展了元数据互操作方法应用的范围，促进科学数据资源的共享和利用。

3)使用本体能更好地实现科学数据元数据之间的语义互操作

在本书中，笔者选取了两两映射、中间格式映射、基于RDF的方法实现元数据之间的映射、基于概念框架的元数据映射及基于本体来实现元数据互操作的方法。使用两两映射实现了地球科学科学数据相关领域的核心元数据之间的互操作，两两映射随着元数据数量的增多，关系的建立数目会骤增；中间格式映射亦是针对核心元数据进行，中间格式映射受到中间格式选取的影响很大；基于RDF的映射实现了全集元数据DIF与描述网络信息资源的元数据DC之间的映射，基于RDF的方法使得元数据元素之间的关系不再局限于精确匹配；基于概念框架实现了CSDGM和地理信息元数据之间的映射，概念框架会针对几种元数据的情况进行分类；笔者结合基于RDF的方法实现元数据之间的映射和基于概念框架的元数据映射，发现使用本体可以将以上两者的优势更好地结合，基于本体实现了一些科学数据平台之间的元数据互操作，并使用本体软件方便建立元数据元素之间的关系，并能将关系以可视化的形式展现出来，对元数据建立本体能实现不同平台、不同标准、不同语种的互操作，因此本书认为，使用本体能更好地实现科学数据元数据之间的语义互操作。

4)基于本体实现地球科学领域科学数据元数据互操作，为其他领域提供借鉴

使用本体对地球科学科学数据元数据的互操作进行实证，选取不同平台使用的不同的元数据标准，对元数据元素进行分类，采用自顶向下和自底向上相混合的方法建立元数据元素的类及类的层次，创建属性，使用本体软件建立并可视化展示元数据元素之间的关系，并自动生成RDF文档，实现地球科学领域科学数据元数据之间的语义互操作。本书仅选取地球科学领域进行了实证，基于本体实现元数据元素之间的互操作方法也可以应用到其他的科学数据领域，为其他领域提供借鉴。

7.2 研究局限

在本书的整个研究过程当中，笔者尽力做到严谨，认真对待本书的结构建立及每个部分的写作，但由于笔者知识面不够扩展，精力和水平均有限，本书仍存有遗憾。

1)搜集到的元数据标准数量有限

笔者在搜集到的几种元数据标准之间，探讨元数据互操作的方法在地球科学科学数据相关领域的应用。在搜集元数据平台标准的过程中，搜集到的个别元数据标准的语义不是很明确，这影响到建立元数据元素之间关系的精确性。有个别平台使用的元数据标准的信息是在第三方平台，如re3data.org和开放获取目录(open access directory,OAD)中获取的，并未在科学数据平台上找到元数据标准的文献，这也是存在的遗憾之处，要是直接能从平台中获取，搜集的信息会更加精确。

2)少部分语义不精确

选择地球科学相关领域,是因为相比一些社会科学,自然科学的科学数据更加客观。地球科学领域平台的建立起步较早,但是在具体操作的过程中,对一些元数据元素的语义,尤其针对一些专门描述地球科学科学数据的元数据元素的语义,难免会出现少部分不精确的情况。

7.3 研究展望

在语义层面,本书对地球科学科学数据相关领域的元数据互操作进行了研究,认为未来还可以从以下三个方面继续研究科学数据元数据的互操作问题。

1)研究多个领域的科学数据元数据互操作

本书仅专注于地球科学科学数据相关领域,未涉猎多个领域的科学数据元数据互操作问题,认为未来也可以对其他领域科学数据元数据的互操作问题进行研究,使得各个领域相关科学数据资源更加便于用户检索、获取和利用。在本书中对地球科学相关领域科学数据元数据互操作实现所使用的方法,也可以考虑应用在其他的领域。

2)元数据互操作方法在实际科学数据中的应用

本书主要针对科学数据元数据互操作的方法进行了研究,在未来的研究当中,可以更进一步将已经建立的互操作方法应用到实际的科学数据中,通过判断检索效率,评估方法的可行性。

3)从语法、结构、协议层面进行科学数据元数据互操作的研究

本书仅选择语义层面,研究科学数据元数据的互操作问题,未涉及语法、结构、协议层面的研究。在未来的研究中,可以选择这三个层面,研究元数据互操作的方法在各个领域科学数据中的应用,实现元数据在各个层面的互操作,增强不同元数据标准之间的互操作性,更好地为用户提供获取利用科学数据资源的环境。

参考文献

[1] 张晓林.元数据研究与应用[M].北京:北京图书馆出版社,2002.

[2] 马费成,宋恩梅.信息管理学基础[M].武汉:武汉大学出版社,2011.

[3] 杨玉麟.信息描述[M].北京:高等教育出版社,2004.

[4] 司莉.信息组织原理与方法[M].武汉:武汉大学出版社,2011.

[5] 张卓民,康荣平.系统方法[M].沈阳:辽宁人民出版社,1985.

[6] 王兰成.知识集成方法与技术:知识组织与知识检索[M].北京:国防工业出版社,2010.

[7] 肖希明.信息资源建设[M].武汉:武汉大学出版社,2008.

[8] 萨蕾.数字图书馆元数据基础[M].北京:中央编译出版,2015.

[9] ALBERT K W, YEUNG G, BRENT H. Spatial database systems [M]. Netherlands, Springer,2007.

[10] ANTONIOU G,GROTH G,HARMELEN F V,et al.语义网基础教程[M].北京:机械工业出版社,2014.

[11] LITWIN L,ROSSA M.Geoinformation metadata in INSPIRE and SDI[M].Springer Berlin Heidelberg,2011.

[12] 孙枢.地球数据是地球科学创新的重要源泉:从地球科学谈科学数据共享[J].中国基础科学, 2003,18(1):334-337.

[13] 王卷乐,游松财,谢传节.地学数据共享中的元数据标准结构分析与设计[J].地理与地理信息科学,2005,21(1):16-18,37.

[14] 诸云强,孙九林,廖顺宝,等.地球系统科学数据共享研究与实践[J].地球信息科学学报, 2010,12(1):1-8.

[15] 王卷乐,游松财,孙九林.地学数据共享网络中的元数据扩展和互操作技术[J].兰州大学学报(自然科学版), 2006,42(5):22-26.

[16] 牛金芳,郑晓惠.元数据的互操作性[J].图书馆杂志,2002,21(4):39-43.

[17] 毕强,朱亚玲.元数据标准及其互操作研究[J].情报理论与实践,2007,30(5):666-670.

[18] 韩夏,李秉严.元数据的互操作研究[J].情报科学,2004,22(7):812-814,877.

[19] 孔庆杰,宋丹辉.元数据互操作问题技术解决方案研究[J].情报科学,2007,25(5):754-758.

[20] 朱超.关于元数据互操作的探讨[J].情报理论与实践,2005,28(6):87-90,98.

[21] 李翼,吴丹.开放医学科学数据平台调查研究[J].图书情报工作,2015,59(18):24-29,50.

[22] 韦博洋.地球科学进展[J].科学数据,2014(6):711.

[23] 邢文明.国际组织关于科学数据的实践、会议与政策及对我国的启示[J].国家图书馆学

刊, 2013, 22(2):78-84.
[24] 司莉,庄晓喆,王思敏,等.2005 年以来国外科学数据管理与共享研究进展与启示[J].国家图书馆学刊,2013,22(3):40-49.
[25] 王祎,华夏,王建梅.国内外科学数据管理与共享研究[J].科技进步与对策,2013,30(14):126-129.
[26] 黄如花,邱春艳.国外科学数据共享研究综述[J].情报资料工作,2013(4):25-31.
[27] 张萍.英国高校科研数据管理及启示[J].情报杂志,2015(4):155-159.
[28] 邱春艳,黄如花.近 3 年国际科学数据共享领域新进展[J].图书情报工作,2016(3):6-14.
[29] 王广华.国土资源科学数据共享研究综述[J].测绘通报,2007(4):34-37.
[30] 凌晓良,BELBIN L,张洁,等.澳大利亚南极科学数据管理综述[J].地球科学进展,2007,22(5):532-539.
[31] 朱星明,耿庆斋,蔡佳男.水利科学数据共享的现状与发展趋势[J].中国水利,2008(14):47-50.
[32] 李慧佳,马建玲,王楠,等.国内外科学数据的组织与管理研究进展[J].图书情报工作,2013,57(23):130-136.
[33] 周波,钱鹏.我国科学数据元数据研究综述[J].图书馆学研究,2013(2):7-10.
[34] 黄如花,邱春艳.国内外科学数据元数据研究进展[J].图书与情报,2014(6):102-108.
[35] 黄永文,张建勇,黄金霞,等.国外开放科学数据研究综述[J].现代图书情报技术,2013(5):21-27.
[36] 邱春艳.欧盟科学数据开放存取实践及启示[J].情报理论与实践,2016(11):138-144.
[37] 邓君,宋文凤.科学数据价值鉴定研究进展[J].情报科学,2012(6):942-946.
[38] 何琳,常颖聪.国内外科学数据出版研究进展[J].图书情报工作,2014,58(5):104-110.
[39] 肖潇,吕俊生.E-science 环境下国外图书馆科学数据服务研究进展[J].图书情报工作,2012,56(17):53-58.
[40] 刘晓娟,于佳,林夏.国家科研数据服务实践进展及启示[J].大学图书馆学报,2016,34(5):29-37.
[41] 张瑶,吕俊生.国外科研数据管理与共享政策研究综述[J].图书馆理论与实践,2015(11):47-52.
[42] 刘润达,彭洁.我国科学数据共享政策法规建设现状与展望[J].科技管理研究,2010,30(13):40-43.
[43] 张静蓓,吕俊生,田野.国外科学数据引用研究进展[J].图书情报工作,2014,58(8):91-95.
[44] 张静蓓,田野,吕俊生.科学数据引用规范研究进展[J].图书与情报,2014(5):100-104.
[45] 屈宝强,王凯.科学数据引用现状和研究进展[J].情报理论与实践,2016,39(5):134-138.
[46] 杨京,王效岳,白如江.大数据背景下科学数据互操作实践进展研究[J].图书与情报,2015(3):97-102.

[47] 司莉,贾欢.科学数据的标准规范体系框架研究[J].图书馆,2016(5):5-9.
[48] 王卷乐,王琳.RDF/XML 在地学数据 Web 共享中的应用研究[J].地理信息世界,2005(6):8-11.
[49] 张海涛,郑小惠,张成昱.数字图书馆的互操作性研究:Z39.50 和 OAI 协议的比较[J].现代图书情报技术, 2003(2):13-15.
[50] 王卷乐,游松财,谢传节.地学数据共享中的元数据标准结构分析与设计[J].地理与地理信息科学,2005,21(1):16-18,37.
[51] 宋琳琳,李海涛.大型文献数字化项目元数据互操作调查与启示[J].中国图书馆学报,2012,38(5):27-38.
[52] 杨蕾,李金芮.国外公共数字文化资源整合元数据互操作方式研究[J]. 图书与情报,2015 (1):15-21.
[53] 刘飞,黎建辉,阎保平.XML Schema 在科学数据库元数据互操作中的应用[J].计算机应用研究,2005, 22(5):199-201.
[54] 李集明,沈文海,王国复.气象信息共享平台及其关键技术研究[J].应用气象学报,2006,17(5):621-628.
[55] 王卷乐,游松财,谢传节.元数据技术在地学数据共享网络中的应用探讨[J].地理信息世界,2005,3(2):36-40.
[56] 马费成,裴雷.我国信息资源共享实践及理论研究进展[J].情报学报,2005,24(3):277-285.
[57] 洪正国,项英.基于 Dspace 构建高校科学数据管理平台:以蝎物种与毒素数据库为例[J].图书情报工作,2013,57(6):39-42.
[58] 凌美秀.从有限到无限:信息资源共享的演变路径[J].图书情报知识,2007(2):72-75.
[59] 本刊记者.为科学数据共享探索不息:访中国工程院院士、地球信息科学专家孙九林[J].中国科技资源导刊,2008,40(1):73-75.
[60] 申晓娟,高红.从元数据映射出发谈元数据互操作问题[J].国家图书馆学刊,2006,15(4):51-55.
[61] 齐华伟,王军.元数据收割协议 OAI-PMH[J].情报科学,2005,23(3):414-419.
[62] 强韶华,吴鹏,严明.面向信息资源整合的元数据注册系统研究[J].情报科学,2008,26(12):1878-1881,1911.
[63] 张建聪,吴广印.面向知识导航的机构要素元数据规范及互操作[J].情报学报,2010,29(1):84-92.
[64] 姚星星.试论通过 RDF 实现不同元数据之间的转换[J].河南图书馆学刊,2004,24(2):14-19.
[65] 齐华伟,王军.OAI-PMH 与数字图书馆的互操作[J].图书馆论坛,2005,25(4):19-22.
[66] 陈传夫,黄璇.政府信息资源增值利用研究[J].情报科学,2008,26(7):961-966.
[67] 陈传夫,马浩琴,黄璇.我国公共部门信息资源增值利用的定价问题及对策[J].情报资料工作,2011(1):11-15.
[68] 文庭孝,陈能华.信息资源共享及其社会协调机制研究[J].中国图书馆学报,2007,33

(3):78-81.
[69] 马文峰.数字资源整合研究[J].中国图书馆学报,2002(4):63-66.
[70] 萨蕾.元数据互操作研究[J].情报科学,2014,32(1):36-40.
[71] 高嵩.MODS 与 MARC 的互操作分析[J].现代图书情报技术,2006(2):72-75.
[72] 顾潇华,戎军涛,史海燕,等.DC 向 CNMARC 元数据格式的逆映射研究[J].情报杂志,2006,25(10):17-18.
[73] 赵华,周国民,王健,等.科学数据元数据认知价值评价研究[J].情报科学,2016,34(7):81-85.
[74] 林海青.元数据互操作的逻辑框架[J].数字图书馆论坛,2007(8):1-10.
[75] 董丽,吴开华,姜爱蓉,等.METS 元数据编码规范及其应用研究[J].现代图书情报技术,2004,20(5):8-12.
[76] 司莉,陈雨雪,庄晓喆. 基于主题词表的数字出版领域本体构建[J].出版科学,2015,23(6):80-84.
[77] 王卷乐,陈义华.基于元数据管理的地球系统科学数据共享研究[C]. //中国地理信息系统协会年会,2004.
[78] 胡良霖,黎建辉,王闰强,等.科学数据库元数据互操作的类 OAI 模型[C]. //科学数据库与信息技术学术讨论会, 2004.
[79] BOUNTOURI L, PAPATHEODOROU C, SOULIKIAS V, et al. Metadata interoperability in public sector information[J].Journal of Information Science,2009,35(2):204-231.
[80] CHAN L M, ZENG M L. Metadata interoperability and standardization-A study of methodology part I achieving interoperability at the schema level[J].D-Lib Magazine,2006,12(6).
[81] CHEN Y N.A RDF-based approach to metadata crosswalk for semantic interoperability at the data element level[J].Library Hi Tech,2015,33(2):175-194.
[82] DIAMANTOPOULOS N, SGOUROPOULOU C, KASTRANTAS K, et al.Developing a metadata application profile for sharing agricultural scientific and scholarly research resources[J].Metadata and Semantic Research.Springer Berlin Heidelberg,2011:453-466.
[83] HASLHOFER B, KLAS W.A survey of techniques for Achieving metadata interoperability, 2010,42(2):37 pages.
[84] HSUEH L K, CHEN H P.The collaborative study of archival metadata mapping in Taiwan[J].Procedia-Social and Behavioral Sciences,2014,147(147):175-181.
[85] KALOU A K, KOUTSOMITROPOULOS D A, SOLOMOU G D, et al.Metadata interoperability and ingestion of learning resources into a modern LMS[C]. //Garoufallou E, Hartley R, Gaitanou P.Metadata and Semantics Research.Springer,2015:171-182.
[86] LEE S, JACOB E K.Approach to metadata interoperability: construction of a conceptual structure between MARC and FRBR[J]. Library resources & technical services2011, 55(1):17-32.
[87] NOGUERAS-ISO J, ZARAZAGA-SORIA F J, LACASTA J, et al. Metadata standard inter-

operability: application in the geographic information domain[J]. Computers, Environment and Urban Systems, 2004, 28(6): 611-634.

[88] SINACI A A, GOKCE B, ERTURKMEN L. A federated semantic metadata registry framework for enabling interoperability across clinical research and care domains[J]. Journal of Biomedical Informatics, 2013, (46): 784-794.

[89] STUDER R, BENJAMINS V R, FENSEL D. Knowledge engineering: principles and methods [J]. Data & Knowledge Engineering, 1998, 25(1-2): 161-197.

[90] TENOPIR C, ALLARD S, DOUGLASS K, et al. Data sharing by scientists: practices and perceptions[J]. Plos One, 2011, 6(6): 672-672.

[91] 毛海霞.基于 OAI-PMH 的空间元数据互操作理论研究与实现[D].武汉:武汉大学,2004.

[92] 刘飞.科学数据库元数据互操作技术研究[D].北京:中国科学院计算机网络信息中心,2004.

[93] 崔丽美.地球系统科学数据共享网元数据的扩展和管理研究[D].西安:西北大学,2005.

[94] 邢文明.我国科研数据管理与共享政策保障研究[D].武汉:武汉大学,2014.

[95] 邱春艳.科学数据元数据记录复用研究[D].武汉:武汉大学,2015.

[96] Schema 教程[EB/OL].[2016-7-6].http://www.w3school.com.cn/schema/index.asp.

[97] 数据集核心元数据标准[EB/OL].[2015-07-14].http://www.nsdc.cn/upload/110526/1105261308547770.pdf.

[98]《中华人民共和国科学数据共享条例》(专家建议稿)立法释义[EB/OL].[2017-1-5]. http://www.iolaw.org.cn/showNews.asp? id=22235.

[99] 数据资源加工指导规范[EB/OL].[2016-5-12]. http://www.nsdc.cn/upload/110526/1105261300468620.pdf.

[100] 科学数据共享概念与术语[EB/OL].[2017-1-9]. http://www.doc88.com/p-391360838294.html.

[101]【科技中国】孙九林:在流动和共享中实现科学数据的价值[EB/OL].[2016-8-5].http://www.lreis.ac.cn/sc/news/final.aspx? id=1141.

[102] 学科分类与代码[EB/OL].[2017-1-17].http://xkfl.xhma.com/.

[103] 关于元数据的十万个为什么[EB/OL].[2016-10-21].http://wenku.baidu.com/view/f138a6d680eb6294dd886c35.html.

[104] 元数据格式汇总.[EB/OL].[2016-8-27]. http://wenku.baidu.com/view/96ab29956bec0975f465e2ef.html.

[105] 地震科学数据元数据编写指南[EB/OL].[2015-12-13].http://data.earthquake.cn/sjgxbz/index.html.

[106] 国家地球系统科学数据共享平台[EB/OL].[2016-6-29].http://www.geodata.cn/.

[107] 资源描述框架[EB/OL].[2016-7-20].http://wiki.mbalib.com/wiki/资源描述框架.

[108] 2016 第三届科学数据大会——科学数据与创新发展[EB/OL].[2016-6-22].http://dc2016.codata.cn/dct/page/1.

[109] 孙九林等.科学家要促进科学数据共享和流动[EB/OL].[2016-8-4].http://www.cas.cn/xw/zjsd/201009/t20100926_2974184.shtml.
[110] 开放系统互连参考模型[EB/OL].[2015-8-22].http://baike.so.com/doc/5242527-5475561.html.
[111] TCP/IP 协议[EB/OL].[2016-8-22].http://baike.so.com/doc/2883582-3043043.html.
[112] Z39.50.[EB/OL].[2016-8-22].http://baike.baidu.com/link? url=yiAwFd4tSYIyrbw0fzBitHJ1Rv6G403Kl2kFYlIr0cUtxRsywNlRM5IP8qAao_xLtZpC-o5Fd-kr_aC8of_91a.
[113] XML 命名空间(XML Namespaces).[EB/OL].[2016-9-6].http://www.w3school.com.cn/xml/xml_namespaces.asp.
[114] DTD 简介[EB/OL].[2016-9-8].http://www.w3school.com.cn/dtd/dtd_intro.asp.
[115] Schema 教程[EB/OL].[2016-9-8].http://www.w3school.com.cn/schema/index.asp.
[116] 土壤科学数据元数据[EB/OL].[2017-1-17]. http://vdb3.soil.csdb.cn/resources/myfiles/土壤科学数据元数据.pdf.
[117] 国家基础地理信息系统(NFGIS)元数据标准草案(初稿)[EB/OL].[2016-6-29].http://www.doc88.com/p-045686607359.html.
[118] NREDIS 信息共享元数据内容标准草案[EB/OL].[2016-9-28].http://www.civilcn.com/e/DownSys/DownSoft/? classid=730&id=204060&pathid=0.
[119] 国家地球系统科学数据共享平台简介[EB/OL].[2016-10-13].http://www.geodata.cn/aboutus.html.
[120] 国家科技基础条件平台简介[EB/OL].[2016-10-13].http://www.geodata.cn/aboutus.html.
[121] 地球系统科学数据共享联盟章程[EB/OL].[2016-10-13].http://www.geodata.cn/aboutus.html.
[122] XML Schema 简介[EB/OL].[2016-11-15].http://www.w3school.com.cn/schema/schema_intro.asp.
[123] 海洋地质学[EB/OL].[2017-2-2].http://baike.baidu.com/link? url=qMECae2Q2_oQbuZxpnN-Wivx8ZucFtQuwCA6NSCi0p66AtlsTqfPoGFmW_AAiydu9_Cii773sa8dp5cNgwcwMrFugSaqtOxZAWPwUWHB4Ene6UXNA_SpW5mbhxoMhsxY7ugwAHAfFrZUuFkrgroPa.
[124] 地震科学数据共享平台介绍[EB/OL].[2017-2-1].http://data.earthquake.cn/gybz/info/2016/2312.html.
[125] 地震科学数据资源概况[EB/OL].[2017-2-1].http://data.earthquake.cn/gybz/info/2016/2314.html.
[126] 数据共享标准规范[EB/OL].[2017-2-1].http://data.earthquake.cn/sjgxbz/index.html.
[127] 大气遥感[EB/OL].[2017-2-6].http://baike.so.com/doc/6692992-6906898.html.
[128] 海洋生物学[EB/OL].[2017-2-9].http://baike.so.com/doc/5746103-5958858.html.

[129] 海洋化学[EB/OL].[2017-2-9].http://baike.so.com/doc/5743446-5956199.html.

[130] 海洋科学[EB/OL].[2017-2-10].http://baike.baidu.com/subview/175557/13757452.html.

[131] 大气科学[EB/OL].[2017-2-10].http://baike.so.com/doc/6292103-6505610.html.

[132] 地理空间[EB/OL].[2017-2-11].http://baike.so.com/doc/6575666-6789430.html.

[133] 本体建构步骤[EB/OL].[2017-3-6].http://www.doc88.com/p-506830786242.html.

[134] About[EB/OL].[2017-2-10].https://www.nodc.noaa.gov/about/index.html.

[135] About[EB/OL].[2017-2-10].http://www.re3data.org/about.

[136] About DLESE overview[EB/OL].[2016-12-10].http://www.dlese.org/about/index.php.

[137] About METeOR[EB/OL].[2016-9-4].http://meteor.aihw.gov.au/content/index.phtml/itemId/181414.

[138] About RDA[EB/OL].[2017-1-12].https://www.rd-alliance.org/about-rda.

[139] About WDC-RSAT[EB/OL].[2017-2-7].http://wdc.dlr.de/about/.

[140] About the Cornell University geospatial information repository (CUGIR)[EB/OL].[2017-2-2].http://cugir.mannlib.cornell.edu/index.jsp.

[141] ADN framework[EB/OL].[2016-12-10].http://www.dlese.org/Metadata/adn-item/index.php.

[142] An overview of IEDA[EB/OL].[2017-2-6].http://www.iedadata.org/overview.

[143] ANZLIC metadata profile[EB/OL].[2016-8-3].http://www.anzlic.gov.au/sites/default/files/files/ANZLIC_Metadata_Profile_v1_1.pdf.

[144] ANZLIC metadata standard to GCMD DIF[EB/OL].[2016-6-28].http://gcmd.nasa.gov/add/standards/anzlic_to_dif.html.

[145] CODATA[EB/OL].[2016-12-28].http://www.codata.org/.

[146] CODATA strategic plan 2013-2018[EB/OL].[2016-12-28].http://www.codata.org/uploads/CODATA_Strategic_Plan-2013-2018-FINAL.pdf.

[147] Content standard for digital geospatial metadata Workbook[EB/OL].[2017-2-1].https://www.fgdc.gov/metadata/documents/workbook_0501_bmk.pdf.

[148] Data repositories[EB/OL].[2017-2-10].http://oad.simmons.edu/oadwiki/Data_repositories.

[149] Data science journal[EB/OL].[2016-1-3].http://www.codata.org/publications/data-science-journal.

[150] DATA SCIENCE JOURNAL: About this Journal[EB/OL].[2016-1-3].http://datascience.codata.org/.

[151] DATASET description metadata for BCO-DMO[EB/OL].[2017-2-28].http://www.bco-dmo.org/.

[152] DSpace: metadata schemas and data submission[EB/OL].[2017-1-14].http://rdm.c4dm.eecs.qmul.ac.uk/content/dspace-metadata-schemas-and-data-submission.

[153] DIF to ISO mapping [EB/OL].[2016-6-28]. http://gcmd.nasa.gov/add/standards/difiso.html.

[154] Digital broadband contant: public sector information and content[EB/OL].[2017-1-11]. http://www.oecd.org/sti/36481524.pdf.

[155] Directory interchange format (DIF) standard[EB/OL].[2016-8-1].https://earthdata.nasa.gov/files/ESDS-RFC-012v1.pdf.

[156] Directory interchange format (DIF) writer's guide[EB/OL].[2016-8-1].http://gcmd.gsfc.nasa.gov/add/difguide/index.html.

[157] Dublin Core Element Set to GCMD DIF[EB/OL].[2016-6-28]. http://gcmd.nasa.gov/add/standards/dublin_to_dif.html.

[158] Dublin Core Metadata Element Set, version 1.1[EB/OL].[2016-6-22]. http://www.dublincore.org/documents/dces/.

[159] Dublin Core to MARC crosswalk[EB/OL].[2015-9-26].https://www.loc.gov/marc/dccross.html.

[160] EAD application guidelines for version 1.0[EB/OL].[2015-9-26].http://www.loc.gov/ead/ag/agappb.html.

[161] Earth science.[EB/OL].[2016-1-10].https://en.wikipedia.org/wiki/Earth_science.

[162] ECHO data partner's user guide v10.6[EB/OL].[2016-7-29].https://earthdata.nasa.gov/files/ECHO%2010%20Data%20Partner%20User%20Guide%20(version%2010.6).doc.

[163] ECHO metadata standard[EB/OL].[2016-7-29].https://earthdata.nasa.gov/standards/echo-metadata-standard.

[164] ESDS-RFC for ECHO metadata standard[EB/OL].[2016-7-29].https://earthdata.nasa.gov/files/ESDS-RFC-020v1.pdf.

[165] FGDC and Dublin Core metadata comparison [EB/OL].[2016-12-20].http://www.doc88.com/p-7058978427810.html.

[166] FGDC metadata standard to GCMD DIF[EB/OL].[2016-6-28]. http://gcmd.nasa.gov/add/standards/fgdc_to_dif.html.

[167] GCMD DIF To ESRI profile of FGDC[EB/OL].[2016-6-28]. http://gcmd.nasa.gov/add/standards/esri_to_dif.html.

[168] Geospacial metadata[EB/OL].[2016-12-6].http://www.docin.com/p-1307051551.html.

[169] Geospacial metadata[EB/OL].[2016-12-10].https://www.fgdc.gov/metadata.

[170] Geospacial metadata [EB/OL].[2016-12-22]. https://www.fgdc.gov/resources/factsheets/documents/GeospatialMetadata-July2011.pdf.

[171] Introduction to BCO-DMO[EB/OL].[2017-2-9].http://www.bco-dmo.org/.

[172] Introduction to metadata: what is metadata? [EB/OL].[2016-12-21].https://www.fgdc.gov/metadata/documents/WhatIsMetaFiles/WhatIsMetadataPDF.

[173] ISO 19115:2003 geographic information—metadata[EB/OL].[2016-7-24].http://www.iso.org/iso/home/store/catalogue_ics/catalogue_detail_ics.htm? csnumber=26020.

[174] ISO 19115-1:2014 geographic information—metadata—part 1: fundamentals[EB/OL].[2016-7-24].http://www.iso.org/iso/home/store/catalogue_tc/catalogue_detail.htm? csnumber=53798.

[175] ISO geospatial metadata standards[EB/OL].[2016-6-28]. http://www.fgdc.gov/metadata/iso-standards.

[176] Linked data FAQ[EB/OL].[2016-8-13].http://structureddynamics.com/linked_data.html.

[177] Metadata [EB/OL]. [2016-12-23]. http://www.nconemap.gov/DiscoverGetData/Metadata.aspx#iso.

[178] Main technical ideas of OAI-PMH[EB/OL].[2016-9-10].http://www.oaforum.org/tutorial/english/page3.htm.

[179] MARC to Dublin Core crosswalk[EB/OL].[2015-9-26].https://www.loc.gov/marc/marc2dc.html.

[180] Metadata interoperability[EB/OL].[2016-12-27].http://www.txla.org/sites/tla/files/conference/handouts/413MetadataInteroperability.pdf.

[181] Metadata interoperability-what is it, and why is it important? [EB/OL].[2017-1-10].https://marinemetadata.org/guides/mdataintro/mdatainteroperability.

[182] Metadata registry[EB/OL].[2016-9-5].http://meteor.aihw.gov.au/content/index.phtml/itemId/182173.

[183] Metadata standards crosswalk[EB/OL].[2016-12-8].http://www.getty.edu/research/publications/electronic_publications/intrometadata/crosswalks.pdf.

[184] METeOR home[EB/OL].[2016-9-2].http://meteor.aihw.gov.au/content/index.phtml/itemId/181162.

[185] NASA earth science[EB/OL].[2017-1-10].https://science.nasa.gov/earth-science/.

[186] Navigational items[EB/OL].[2016-9-5].http://meteor.aihw.gov.au/content/index.phtml/itemId/274334.

[187] NCEI marine geology data archive[EB/OL].[2017-2-2].https://www.ngdc.noaa.gov/docucomp/page? xml = NOAA/NESDIS/NGDC/Collection/iso/xml/Marine_Geology.xml&view = getDataView&header = none&title = Get% 20Data% 20NOAA/NESDIS/NGDC/Collection/iso/xml/Marine_Geology.xml.

[188] NCEI NetCDF templates v2.0[EB/OL].[2017-2-10].https://www.nodc.noaa.gov/data/formats/netcdf/v2.0/.

[189] Noy N F and McGuinness D L.Ontology development 101:A guide to creating yourfirst ontology[EB/OL].[2016-8-25].http://citeseerx.ist.psu.edu/viewdoc/download? doi=10.1.1.136.5085&rep=rep1&type=pdf.

[190] OECD principles and guidelines for access to research data from public funding[EB/OL].

[2017-1-5].http://www.oecd.org/science/sci-tech/38500813.pdf.

[191] Our Mission[EB/OL].[2016-12-28].http://www.codata.org/about-codata/our-mission.

[192] Our Mission[EB/OL].[2017-2-6].https://www.datacite.org/mission.html.

[193] Protégé[EB/OL].[2017-3-6].http://protege.stanford.edu/.

[194] Resource description framework(RDF) schema specification[EB/OL].[2016-9-7].https://www.w3.org/TR/PR-rdf-schema/.

[195] The essential elements of network object description[EB/OL].[2016-6-22].http://dublincore.org/workshops/dc1/general.shtml.

[196] Understanding metadata[EB/OL].[2017-1-10].http://www.niso.org/publications/press/UnderstandingMetadata.pdf.

[197] Wang, H, Isenor, A, Graybeal J.2011. "Moving between standards (Crosswalking)." In the MMI guides: navigating the world of marine metadata. http://marinemetadata.org/guides/mdatastandards/crosswalks. Accessed September 26, 2016.

[198] W3C issues recommendation for resource description framework(RDF)[EB/OL].[2016-9-7].https://www.w3.org/Press/1999/RDF-REC.

[199] Welcome to the Cornell University geospatial information repository (CUGIR)[EB/OL].[2017-2-2].http://cugir.mannlib.cornell.edu/index.jsp.

[200] Welcome to the digital library for earth system education[EB/OL].[2016-12-10].http://www.dlese.org/new_dlese/.

[201] Welcome to the GCMD[EB/OL].[2017-2-5].http://gcmd.nasa.gov/learn/index.html.

[202] Welcome to the marine metadata interoperability project[EB/OL].[2017-1-10].https://marinemetadata.org/aboutmmi/welcome.

[203] What is a DIF[EB/OL].[2016-6-28]. http://gcmd.nasa.gov/add/difguide/whatisadif.html.

[204] What is earth science? [EB/OL].[2017-1-10].http://geology.com/articles/what-is-earth-science.shtml.

[205] XML transformations[EB/OL].[2016-6-28]. http://www.ncddc.noaa.gov/metadata-standards/metadata-xml/.

[206] Zeng M L. Metadata interoperability issues and approaches[EB/OL].[2016-8-20].http://dublincore.org/resources/training/dc-2009/MarciaL2.pdf.

[207] 国家基础地理信息中心等.地理信息　元数据:GB /T 19710—2005[S].北京:中国标准出版社,2005.

[208] 中国标准化研究院,中国科学院计划财务局.学科分类与代码:GB/T 13745—2009[S].北京:中国标准出版社,2009.

[209] 全国信息技术标准化技术委员会.信息技术　元数据注册系统(MDR)　第1部分:框架:GB/T 18391.1—2009[S].北京:中国标准出版社,2009.

[210] 中国科学院计算机网络信息中心,中国科学院地理科学与资源研究所,中国科学院南

京土壤研究所,等.生态科学数据元数据:GB/T 20533—2006[S].北京:中国标准出版社,2007.
[211] 北京中机科海科技发展有限公司,安徽京诺科技发展有限公司.机械　科学数据　第3部分:元数据:GB/T 26499.3—2011[S].北京:中国标准出版社,2011.
[212] FGDC-STD-001-1998,Content standard for digital geospatial metadata[S].
[213] ISO19115-1:2014 Geographic information—metadata—part 1:fundamentals[S].
[214] North carolina state and local government metadata profile for geospatial data and services[S].

附录　元数据参考信息的 RDF 文档

This XML file does not appear to have any style information associated with it. The document tree is shown below.


```
<rdf:RDF xmlns="http://www.semanticweb.org/administrator/ontologies/2017/2/untitled-ontology-14#" xmlns:rdfs="http://www.w3.org/2000/01/rdf-schema#" xmlns:owl="http://www.w3.org/2002/07/owl#" xmlns:xsd="http://www.w3.org/2001/XMLSchema#" xmlns:rdf="http://www.w3.org/1999/02/22-rdf-syntax-ns#" xml:base="http://www.semanticweb.org/administrator/ontologies/2017/2/untitled-ontology-14">
<owl:Ontology rdf:about="http://www.semanticweb.org/administrator/ontologies/2017/2/untitled-ontology-14"/>
<!--
///////////////////////////////////////////////////////////////////////////////////////
//
// Object Properties
//
///////////////////////////////////////////////////////////////////////////////////////
-->
<!--
http://www.semanticweb.org/administrator/ontologies/2017/2/untitled-ontology-14#has_part
-->
<owl:ObjectProperty rdf:about="http://www.semanticweb.org/administrator/ontologies/2017/2/untitled-ontology-14#has_part">
<rdf:type rdf:resource="http://www.w3.org/2002/07/owl#TransitiveProperty"/>
<owl:inverseOf rdf:resource="http://www.semanticweb.org/administrator/ontologies/2017/2/untitled-ontology-14#is_part_of"/>
<rdfs:subPropertyOf rdf:resource="http://www.w3.org/2002/07/owl#topObjectProperty"/>
</owl:ObjectProperty>
<!--
http://www.semanticweb.org/administrator/ontologies/2017/2/untitled-ontology-14#in_relation_of
-->
<owl:ObjectProperty rdf:about="http://www.semanticweb.org/administrator/ontologies/2017/2/untitled-ontology-14#in_relation_of">
<rdf:type rdf:resource="http://www.w3.org/2002/07/owl#SymmetricProperty"/>
<rdfs:subPropertyOf rdf:resource="http://www.w3.org/2002/07/owl#topObjectProperty"/>
</owl:ObjectProperty>
<!--
http://www.semanticweb.org/administrator/ontologies/2017/2/untitled-ontology-14#is_part_of
-->
<owl:ObjectProperty rdf:about="http://www.semanticweb.org/administrator/ontologies/2017/2/untitled-ontology-14#is_part_of">
```

```
<rdf:type rdf:resource="http://www.w3.org/2002/07/owl#TransitiveProperty"/>
<rdfs:subPropertyOf rdf:resource="http://www.w3.org/2002/07/owl#topObjectProperty"/>
</owl:ObjectProperty>
<! --http://www.w3.org/2002/07/owl#topObjectProperty-->
<rdf:Description rdf:about="http://www.w3.org/2002/07/owl#topObjectProperty">
<rdfs:subPropertyOf rdf:resource="http://www.w3.org/2002/07/owl#topObjectProperty"/>
</rdf:Description>
<! --
///////////////////////////////////////////////////////////////////////////////////////
//
// Classes
//
///////////////////////////////////////////////////////////////////////////////////////
-->
<! --
http://www.semanticweb.org/administrator/ontologies/2017/2/untitled-ontology-14#Characterset
-->
<owl:Class rdf:about="http://www.semanticweb.org/administrator/ontologies/2017/2/untitled-ontology-14
#Characterset">
<rdfs:subClassOf rdf:resource="http://www.semanticweb.org/administrator/ontologies/2017/2/untitled-on-
tology-14#Metadata_Reference_Information"/>
</owl:Class>
<! --
http://www.semanticweb.org/administrator/ontologies/2017/2/untitled-ontology-14#DIF_Creation_Date
(DIF)
-->
<owl:Class rdf:about="http://www.semanticweb.org/administrator/ontologies/2017/2/untitled-ontology-14
#DIF_Creation_Date(DIF)">
<owl:equivalentClass rdf:resource="http://www.semanticweb.org/administrator/ontologies/2017/2/
untitled-ontology-14#metadataDateStamp(CEDC)"/>
<rdfs:subClassOf rdf:resource="http://www.semanticweb.org/administrator/ontologies/2017/2/untitled-on-
tology-14#Metadata_creation_and_revision_date"/>
<rdfs:subClassOf>
<owl:Restriction>
<owl:onProperty rdf:resource="http://www.semanticweb.org/administrator/ontologies/2017/2/untitled-on-
tology-14#is_part_of"/>
<owl:someValuesFrom rdf:resource="http://www.semanticweb.org/administrator/ontologies/2017/2/
untitled-ontology-14#Metadata_Date(CSDGM)"/>
</owl:Restriction>
</rdfs:subClassOf>
</owl:Class>
<! --
```

```
http://www.semanticweb.org/administrator/ontologies/2017/2/untitled-ontology-14#Entry_ID(DIF)
-->
<owl:Class rdf:about="http://www.semanticweb.org/administrator/ontologies/2017/2/untitled-ontology-14
#Entry_ID(DIF)">
<owl:equivalentClass rdf:resource="http://www.semanticweb.org/administrator/ontologies/2017/2/
untitled-ontology-14#metadataIdentifier(CEDC)"/>
<rdfs:subClassOf rdf:resource="http://www.semanticweb.org/administrator/ontologies/2017/2/untitled-on-
tology-14#Metadata_identiifier"/>
</owl:Class>
<!--
http://www.semanticweb.org/administrator/ontologies/2017/2/untitled-ontology-14#Future_DIF_Revision_
Date(DIF)
-->
<owl:Class rdf:about="http://www.semanticweb.org/administrator/ontologies/2017/2/untitled-ontology-14
#Future_DIF_Revision_Date(DIF)">
<owl:equivalentClass rdf:resource="http://www.semanticweb.org/administrator/ontologies/2017/2/
untitled-ontology-14#Metadata_Future_Review_Date(CSDGM)"/>
<rdfs:subClassOf rdf:resource="http://www.semanticweb.org/administrator/ontologies/2017/2/untitled-on-
tology-14#Metadata_creation_and_revision_date"/>
</owl:Class>
<!--
http://www.semanticweb.org/administrator/ontologies/2017/2/untitled-ontology-14#Last_DIF_Revision_
Date(DIF)
-->
<owl:Class rdf:about="http://www.semanticweb.org/administrator/ontologies/2017/2/untitled-ontology-14
#Last_DIF_Revision_Date(DIF)">
<owl:equivalentClass rdf:resource="http://www.semanticweb.org/administrator/ontologies/2017/2/
untitled-ontology-14#Metada_Review_Date(CSDGM)"/>
<owl:equivalentClass rdf:resource="http://www.semanticweb.org/administrator/ontologies/2017/2/
untitled-ontology-14#date_metadata_modified(NCEI)"/>
<rdfs:subClassOf rdf:resource="http://www.semanticweb.org/administrator/ontologies/2017/2/untitled-on-
tology-14#Metadata_creation_and_revision_date"/>
</owl:Class>
<!--
http://www.semanticweb.org/administrator/ontologies/2017/2/untitled-ontology-14#Metada_Review_Date
(CSDGM)
-->
<owl:Class rdf:about="http://www.semanticweb.org/administrator/ontologies/2017/2/untitled-ontology-14
#Metada_Review_Date(CSDGM)">
<owl:equivalentClass rdf:resource="http://www.semanticweb.org/administrator/ontologies/2017/2/
untitled-ontology-14#date_metadata_modified(NCEI)"/>
<rdfs:subClassOf rdf:resource="http://www.semanticweb.org/administrator/ontologies/2017/2/untitled-on-
```

```
tology-14#Metadata_creation_and_revision_date"/>
    <rdfs:subClassOf>
    <owl:Restriction>
    <owl:onProperty rdf:resource="http://www.semanticweb.org/administrator/ontologies/2017/2/untitled-on-
tology-14#is_part_of"/>
    <owl:someValuesFrom rdf:resource="http://www.semanticweb.org/administrator/ontologies/2017/2/
untitled-ontology-14#Metadata_Date(CSDGM)"/>
    </owl:Restriction>
    </rdfs:subClassOf>
    </owl:Class>
    <!--
    http://www.semanticweb.org/administrator/ontologies/2017/2/untitled-ontology-14#Metadata_Access_Con-
straints(CSDGM)
    -->
    <owl:Class rdf:about="http://www.semanticweb.org/administrator/ontologies/2017/2/untitled-ontology-14
#Metadata_Access_Constraints(CSDGM)">
    <rdfs:subClassOf rdf:resource="http://www.semanticweb.org/administrator/ontologies/2017/2/untitled-on-
tology-14#Metadata_restriction_information"/>
    </owl:Class>
    <!--
    http://www.semanticweb.org/administrator/ontologies/2017/2/untitled-ontology-14#Metadata_Contact(CS-
DGM)
    -->
    <owl:Class rdf:about="http://www.semanticweb.org/administrator/ontologies/2017/2/untitled-ontology-14
#Metadata_Contact(CSDGM)">
    <owl:equivalentClass rdf:resource="http://www.semanticweb.org/administrator/ontologies/2017/2/
untitled-ontology-14#metadataContact(CEDC)"/>
    <rdfs:subClassOf rdf:resource="http://www.semanticweb.org/administrator/ontologies/2017/2/untitled-on-
tology-14#Metadata_contact"/>
    </owl:Class>
    <!--
    http://www.semanticweb.org/administrator/ontologies/2017/2/untitled-ontology-14#Metadata_Date(CS-
DGM)
    -->
    <owl:Class rdf:about="http://www.semanticweb.org/administrator/ontologies/2017/2/untitled-ontology-14
#Metadata_Date(CSDGM)">
    <rdfs:subClassOf rdf:resource="http://www.semanticweb.org/administrator/ontologies/2017/2/untitled-on-
tology-14#Metadata_creation_and_revision_date"/>
    <rdfs:subClassOf>
    <owl:Restriction>
    <owl:onProperty rdf:resource="http://www.semanticweb.org/administrator/ontologies/2017/2/untitled-on-
tology-14#has_part"/>
```

```
< owl: someValuesFrom  rdf: resource = " http://www. semanticweb. org/administrator/ontologies/2017/2/
untitled-ontology-14#DIF_Creation_Date( DIF) "/>
</owl:Restriction>
</rdfs:subClassOf>
<rdfs:subClassOf>
<owl:Restriction>
<owl:onProperty rdf:resource="http://www.semanticweb.org/administrator/ontologies/2017/2/untitled-on-
tology-14#is_part_of"/>
< owl: someValuesFrom  rdf: resource = " http://www. semanticweb. org/administrator/ontologies/2017/2/
untitled-ontology-14#DIF_Creation_Date( DIF) "/>
</owl:Restriction>
</rdfs:subClassOf>
</owl:Class>
<! --
http://www. semanticweb. org/administrator/ontologies/2017/2/untitled - ontology - 14 # Metadata _Future_
Review_Date( CSDGM)
-->
<owl:Class rdf:about="http://www.semanticweb.org/administrator/ontologies/2017/2/untitled-ontology-14
#Metadata_Future_Review_Date( CSDGM) ">
<rdfs:subClassOf rdf:resource="http://www.semanticweb.org/administrator/ontologies/2017/2/untitled-on-
tology-14#Metadata_creation_and_revision_date"/>
</owl:Class>
<! --
http://www.semanticweb.org/administrator/ontologies/2017/2/untitled-ontology-14#Metadata_Name( DIF)
-->
<owl:Class rdf:about="http://www.semanticweb.org/administrator/ontologies/2017/2/untitled-ontology-14
#Metadata_Name( DIF) ">
< owl: equivalentClass  rdf: resource = " http://www. semanticweb. org/administrator/ontologies/2017/2/
untitled-ontology-14#Metadata_Standard_Name( CSDGM) "/>
< owl: equivalentClass  rdf: resource = " http://www. semanticweb. org/administrator/ontologies/2017/2/
untitled-ontology-14#metadataStandardName( CEDC) "/>
<rdfs:subClassOf rdf:resource="http://www.semanticweb.org/administrator/ontologies/2017/2/untitled-on-
tology-14#Metadata_standard_name_and_version"/>
</owl:Class>
<! --
http://www. semanticweb. org/administrator/ontologies/2017/2/untitled - ontology - 14 # Metadata _Reference
_Information
-->
<owl:Class rdf:about="http://www.semanticweb.org/administrator/ontologies/2017/2/untitled-ontology-14
#Metadata_Reference_Information"/>
<! --
http://www. semanticweb. org/administrator/ontologies/2017/2/untitled - ontology - 14 # Metadata _Security_
```

Classification(CSDGM)

-->

<owl:Class rdf:about="http://www.semanticweb.org/administrator/ontologies/2017/2/untitled-ontology-14#Metadata_Security_Classification(CSDGM)">

<rdfs:subClassOf rdf:resource="http://www.semanticweb.org/administrator/ontologies/2017/2/untitled-ontology-14#Metadata_Security_Information(CSDGM)"/>

</owl:Class>

<! --

http://www.semanticweb.org/administrator/ontologies/2017/2/untitled-ontology-14#Metadata_Security_Classification_System(CSDGM)

-->

<owl:Class rdf:about="http://www.semanticweb.org/administrator/ontologies/2017/2/untitled-ontology-14#Metadata_Security_Classification_System(CSDGM)">

<rdfs:subClassOf rdf:resource="http://www.semanticweb.org/administrator/ontologies/2017/2/untitled-ontology-14#Metadata_Security_Information(CSDGM)"/>

</owl:Class>

<! --

http://www.semanticweb.org/administrator/ontologies/2017/2/untitled-ontology-14#Metadata_Security_Handling_Description(CSDGM)

-->

<owl:Class rdf:about="http://www.semanticweb.org/administrator/ontologies/2017/2/untitled-ontology-14#Metadata_Security_Handling_Description(CSDGM)">

<rdfs:subClassOf rdf:resource="http://www.semanticweb.org/administrator/ontologies/2017/2/untitled-ontology-14#Metadata_Security_Information(CSDGM)"/>

</owl:Class>

<! --

http://www.semanticweb.org/administrator/ontologies/2017/2/untitled-ontology-14#Metadata_Security_Information(CSDGM)

-->

<owl:Class rdf:about="http://www.semanticweb.org/administrator/ontologies/2017/2/untitled-ontology-14#Metadata_Security_Information(CSDGM)">

<rdfs:subClassOf rdf:resource="http://www.semanticweb.org/administrator/ontologies/2017/2/untitled-ontology-14#Metadata_restriction_information"/>

</owl:Class>

<! --

http://www.semanticweb.org/administrator/ontologies/2017/2/untitled-ontology-14#Metadata_Standard_Name(CSDGM)

-->

<owl:Class rdf:about="http://www.semanticweb.org/administrator/ontologies/2017/2/untitled-ontology-14#Metadata_Standard_Name(CSDGM)">

<owl:equivalentClass rdf:resource="http://www.semanticweb.org/administrator/ontologies/2017/2/untitled-ontology-14#metadataStandardName(CEDC)"/>

```
<rdfs:subClassOf rdf:resource="http://www.semanticweb.org/administrator/ontologies/2017/2/untitled-ontology-14#Metadata_standard_name_and_version"/>
</owl:Class>
<!--
http://www.semanticweb.org/administrator/ontologies/2017/2/untitled-ontology-14#Metadata_Standard_Version(CSDGM)
-->
<owl:Class rdf:about="http://www.semanticweb.org/administrator/ontologies/2017/2/untitled-ontology-14#Metadata_Standard_Version(CSDGM)">
<owl:equivalentClass rdf:resource="http://www.semanticweb.org/administrator/ontologies/2017/2/untitled-ontology-14#Metadata_Version(DIF)"/>
<owl:equivalentClass rdf:resource="http://www.semanticweb.org/administrator/ontologies/2017/2/untitled-ontology-14#metadataStandardVersion(CEDC)"/>
<rdfs:subClassOf rdf:resource="http://www.semanticweb.org/administrator/ontologies/2017/2/untitled-ontology-14#Metadata_standard_name_and_version"/>
</owl:Class>
<!--
http://www.semanticweb.org/administrator/ontologies/2017/2/untitled-ontology-14#Metadata_Use_Constraints(CSDGM)
-->
<owl:Class rdf:about="http://www.semanticweb.org/administrator/ontologies/2017/2/untitled-ontology-14#Metadata_Use_Constraints(CSDGM)">
<rdfs:subClassOf rdf:resource="http://www.semanticweb.org/administrator/ontologies/2017/2/untitled-ontology-14#Metadata_restriction_information"/>
</owl:Class>
<!--
http://www.semanticweb.org/administrator/ontologies/2017/2/untitled-ontology-14#Metadata_Version(DIF)
-->
<owl:Class rdf:about="http://www.semanticweb.org/administrator/ontologies/2017/2/untitled-ontology-14#Metadata_Version(DIF)">
<owl:equivalentClass rdf:resource="http://www.semanticweb.org/administrator/ontologies/2017/2/untitled-ontology-14#metadataStandardVersion(CEDC)"/>
<rdfs:subClassOf rdf:resource="http://www.semanticweb.org/administrator/ontologies/2017/2/untitled-ontology-14#Metadata_standard_name_and_version"/>
</owl:Class>
<!--
http://www.semanticweb.org/administrator/ontologies/2017/2/untitled-ontology-14#Metadata_contact
-->
<owl:Class rdf:about="http://www.semanticweb.org/administrator/ontologies/2017/2/untitled-ontology-14#Metadata_contact">
<rdfs:subClassOf rdf:resource="http://www.semanticweb.org/administrator/ontologies/2017/2/untitled-on-
```

```
tology-14#Metadata_Reference_Information"/>
    </owl:Class>
    <!--
    http://www.semanticweb.org/administrator/ontologies/2017/2/untitled-ontology-14#Metadata_creation_and
_revision_date
    -->
    <owl:Class rdf:about="http://www.semanticweb.org/administrator/ontologies/2017/2/untitled-ontology-14
#Metadata_creation_and_revision_date">
    <rdfs:subClassOf rdf:resource="http://www.semanticweb.org/administrator/ontologies/2017/2/untitled-on-
tology-14#Metadata_Reference_Information"/>
    </owl:Class>
    <!--
    http://www.semanticweb.org/administrator/ontologies/2017/2/untitled-ontology-14#Metadata_identiifier
    -->
    <owl:Class rdf:about="http://www.semanticweb.org/administrator/ontologies/2017/2/untitled-ontology-14
#Metadata_identiifier">
    <rdfs:subClassOf rdf:resource="http://www.semanticweb.org/administrator/ontologies/2017/2/untitled-on-
tology-14#Metadata_Reference_Information"/>
    </owl:Class>
    <!--
    http://www.semanticweb.org/administrator/ontologies/2017/2/untitled-ontology-14#Metadata_link
    -->
    <owl:Class rdf:about="http://www.semanticweb.org/administrator/ontologies/2017/2/untitled-ontology-14
#Metadata_link">
    <rdfs:subClassOf rdf:resource="http://www.semanticweb.org/administrator/ontologies/2017/2/untitled-on-
tology-14#Metadata_Reference_Information"/>
    </owl:Class>
    <!--
    http://www.semanticweb.org/administrator/ontologies/2017/2/untitled-ontology-14#Metadata_restriction
_information
    -->
    <owl:Class rdf:about="http://www.semanticweb.org/administrator/ontologies/2017/2/untitled-ontology-14
#Metadata_restriction_information">
    <rdfs:subClassOf rdf:resource="http://www.semanticweb.org/administrator/ontologies/2017/2/untitled-on-
tology-14#Metadata_Reference_Information"/>
    </owl:Class>
    <!--
    http://www.semanticweb.org/administrator/ontologies/2017/2/untitled-ontology-14#Metadata_standard_
name_and_version
    -->
    <owl:Class rdf:about="http://www.semanticweb.org/administrator/ontologies/2017/2/untitled-ontology-14
#Metadata_standard_name_and_version">
```

```
<rdfs:subClassOf rdf:resource="http://www.semanticweb.org/administrator/ontologies/2017/2/untitled-ontology-14#Metadata_Reference_Information"/>
</owl:Class>
<!--
http://www.semanticweb.org/administrator/ontologies/2017/2/untitled-ontology-14#characterset(CEDC)
-->
<owl:Class rdf:about="http://www.semanticweb.org/administrator/ontologies/2017/2/untitled-ontology-14#characterset(CEDC)">
<rdfs:subClassOf rdf:resource="http://www.semanticweb.org/administrator/ontologies/2017/2/untitled-ontology-14#Characterset"/>
<rdfs:subClassOf>
<owl:Restriction>
<owl:onProperty rdf:resource="http://www.semanticweb.org/administrator/ontologies/2017/2/untitled-ontology-14#is_part_of"/>
<owl:someValuesFrom rdf:resource="http://www.semanticweb.org/administrator/ontologies/2017/2/untitled-ontology-14#defaultLocale(ISO_19115)"/>
</owl:Restriction>
</rdfs:subClassOf>
</owl:Class>
<!--
http://www.semanticweb.org/administrator/ontologies/2017/2/untitled-ontology-14#date_metadata_modified(NCEI)
-->
<owl:Class rdf:about="http://www.semanticweb.org/administrator/ontologies/2017/2/untitled-ontology-14#date_metadata_modified(NCEI)">
<rdfs:subClassOf rdf:resource="http://www.semanticweb.org/administrator/ontologies/2017/2/untitled-ontology-14#Metadata_creation_and_revision_date"/>
</owl:Class>
<!--
http://www.semanticweb.org/administrator/ontologies/2017/2/untitled-ontology-14#defaultLocale(ISO_19115)
-->
<owl:Class rdf:about="http://www.semanticweb.org/administrator/ontologies/2017/2/untitled-ontology-14#defaultLocale(ISO_19115)">
<rdfs:subClassOf rdf:resource="http://www.semanticweb.org/administrator/ontologies/2017/2/untitled-ontology-14#Characterset"/>
<rdfs:subClassOf>
<owl:Restriction>
<owl:onProperty rdf:resource="http://www.semanticweb.org/administrator/ontologies/2017/2/untitled-ontology-14#has_part"/>
<owl:someValuesFrom rdf:resource="http://www.semanticweb.org/administrator/ontologies/2017/2/untitled-ontology-14#characterset(CEDC)"/>
```

```
</owl:Restriction>
</rdfs:subClassOf>
</owl:Class>
<!--
http://www.semanticweb.org/administrator/ontologies/2017/2/untitled-ontology-14#metadataContact
(CEDC)
-->
<owl:Class rdf:about="http://www.semanticweb.org/administrator/ontologies/2017/2/untitled-ontology-14
#metadataContact(CEDC)">
<rdfs:subClassOf rdf:resource="http://www.semanticweb.org/administrator/ontologies/2017/2/untitled-on-
tology-14#Metadata_contact"/>
</owl:Class>
<!--
http://www.semanticweb.org/administrator/ontologies/2017/2/untitled-ontology-14#metadataDateStamp
(CEDC)
-->
<owl:Class rdf:about="http://www.semanticweb.org/administrator/ontologies/2017/2/untitled-ontology-14
#metadataDateStamp(CEDC)">
<rdfs:subClassOf rdf:resource="http://www.semanticweb.org/administrator/ontologies/2017/2/untitled-on-
tology-14#Metadata_creation_and_revision_date"/>
</owl:Class>
<!--
http://www.semanticweb.org/administrator/ontologies/2017/2/untitled-ontology-14#metadataIdentifier
(CEDC)
-->
<owl:Class rdf:about="http://www.semanticweb.org/administrator/ontologies/2017/2/untitled-ontology-14
#metadataIdentifier(CEDC)">
<rdfs:subClassOf rdf:resource="http://www.semanticweb.org/administrator/ontologies/2017/2/untitled-on-
tology-14#Metadata_identiifier"/>
</owl:Class>
<!--
http://www.semanticweb.org/administrator/ontologies/2017/2/untitled-ontology-14#metadataStandardName
(CEDC)
-->
<owl:Class rdf:about="http://www.semanticweb.org/administrator/ontologies/2017/2/untitled-ontology-14
#metadataStandardName(CEDC)">
<rdfs:subClassOf rdf:resource="http://www.semanticweb.org/administrator/ontologies/2017/2/untitled-on-
tology-14#Metadata_standard_name_and_version"/>
</owl:Class>
<!--
http://www.semanticweb.org/administrator/ontologies/2017/2/untitled-ontology-14#
metadataStandardVersion(CEDC)
```

```
-->
<owl:Class rdf:about="http://www.semanticweb.org/administrator/ontologies/2017/2/untitled-ontology-14
#metadataStandardVersion(CEDC)">
<rdfs:subClassOf rdf:resource="http://www.semanticweb.org/administrator/ontologies/2017/2/untitled-on-
tology-14#Metadata_standard_name_and_version"/>
</owl:Class>
<!--
http://www.semanticweb.org/administrator/ontologies/2017/2/untitled-ontology-14#metadata_link(NCEI)
-->
<owl:Class rdf:about="http://www.semanticweb.org/administrator/ontologies/2017/2/untitled-ontology-14
#metadata_link(NCEI)">
<rdfs:subClassOf rdf:resource="http://www.semanticweb.org/administrator/ontologies/2017/2/untitled-on-
tology-14#Metadata_link"/>
</owl:Class>
<!--
http://www.semanticweb.org/administrator/ontologies/2017/2/untitled-ontology-14#ncei_template_version
(NCEI)
-->
<owl:Class rdf:about="http://www.semanticweb.org/administrator/ontologies/2017/2/untitled-ontology-14
#ncei_template_version(NCEI)">
<rdfs:subClassOf rdf:resource="http://www.semanticweb.org/administrator/ontologies/2017/2/untitled-on-
tology-14#Metadata_standard_name_and_version"/>
</owl:Class>
</rdf:RDF>
<!--
Generated by the OWL API (version 3.4.2) http://owlapi.sourceforge.net
-->
```